Löw | Quanten. 100 Seiten

* Reclam 100 Seiten *

ROBERT LÖW ist Quantenphysiker, lehrt und forscht an der Universität Stuttgart und ist überdies Ausstellungsmacher und Kinderbuchautor. Er studierte an der Universität Regensburg, der Wesleyan University und am Massachusetts Institute of Technology. 2023 erschien sein Kinderbuch *Das Elektron im Swimmingpool – Geschichten aus der unglaublichen Welt der Quantenphysik.*

Robert Löw

Quanten. 100 Seiten

Reclam

2. Auflage

2024 Philipp Reclam jun. Verlag GmbH,
Siemensstraße 32, 71254 Ditzingen
info@reclam.de
Umschlaggestaltung: zero-media.net, München
Grafiken und Illustrationen: © Frieder Löw;
Autorenfoto: © Robert Löw
Umschlagmaterial: Creative Print, Schabert
Druck und Bindung: Esser printSolutions GmbH,
Untere Sonnenstraße 5, 84030 Ergolding
Printed in Germany 2025
RECLAM ist eine eingetragene Marke
der Philipp Reclam jun. GmbH & Co. KG, Stuttgart
ISBN 978-3-15-020712-3
reclam.de

Für mehr Informationen zur 100-Seiten-Reihe:
reclam.de/100Seiten

Inhalt

Wer oder was sind diese Quanten?

Es gibt eine Welt, die ist so verrückt, dass wir sie uns kaum vorstellen können. Dort passieren Dinge, die mit dem gesunden Menschenverstand nicht in Einklang zu bringen sind. Sie widersprechen unseren Alltagserfahrungen und der Realität, wie wir sie kennen, fundamental. Dennoch ist diese Welt, die Quantenwelt, völlig real, ja wir leben sogar mitten in ihr. Warum bekommen wir dann von diesen Verrücktheiten nichts mit? Weil sie im Verborgenen stattfinden. Man muss schon sehr genau hinsehen, um etwas Ungewöhnliches zu erkennen. Genau hingesehen haben vor über 100 Jahren die Urväter der Quantenphysik, und sie erkannten, dass das eine oder andere aus der klassischen Physik bekannte Dogma geopfert werden musste, damit ihre Beobachtungen weiterhin korrekt in Formeln gefasst werden konnten. Diese neuen Formeln haben eine wissenschaftliche Revolution eingeläutet, die sogenannte *erste* Quantenrevolution.

Die Entdeckung der Quanten ist aus heutiger Sicht eine schier unglaubliche Erfolgsgeschichte. Keine andere Theorie zuvor konnte unsere Welt so exakt bis in das winzigste Detail beschreiben. Quantentheorie und Experiment liefern sich hierbei oft ein Wettrennen. Wer kann besser rechnen, und wer kann besser messen? Mal weiß es die Theorie genauer, und dann übertrifft das Experiment wiederum die Theorie. Es ist von jeher ein Kopf-an-Kopf-Rennen. Unmöglichste quantenphysikalische Szenarien werden erdacht, die so einfach nicht stimmen können, nur um sie dann im Labor genau so real werden zu lassen. Es gibt bislang keinen Widerspruch.

Ist die Quantentheorie damit die letzte Theorie, die alles beschreibt, die den ganzen Kosmos in Gleichungen zu fassen vermag? Zum Glück gibt es noch zahllose Probleme, die zu lösen sind. Die zunächst einfachen Ideen der Quantenphysik haben sich durch all die Jahrzehnte zu einer recht anspruchsvollen, aber sehr eleganten Theorie entwickelt, die als das Standardmodell der Elementarteilchenphysik bezeichnet wird. Damit lassen sich der Elektromagnetismus, die schwache und die starke Wechselwirkung, die nur im Atomkern eine Rolle spielt, 61 Elementarteilchen sowie Teile der Relativitätstheorie unter einen Quantenhut bringen. Gleichwohl sind noch viele Fragen offen. Warum sieht dieses Modell genau so aus, wie es aussieht? Warum weist es manche Symmetrien auf und andere nicht? Was ist mit all den Konstanten, die in das Modell fließen und nicht berechnet, sondern nur gemessen werden können? Dies betrifft die mikroskopische Welt. Aber auch auf kosmischen Skalen gibt es noch viele ungelöste Angelegenheiten. Hier sind die spezielle (ohne Gravitation) und die allgemeine Relativitätstheorie (mit Gravitation) der Goldstandard. Seit der Vereinheitlichung der Quantentheorie mit der speziellen Relativitätstheorie wissen wir, dass es zu jedem Teilchen ein Antiteilchen gibt und dass es kurz nach dem Urknall von beiden Sorten wohl gleich viele gab. Dennoch finden wir in unserem Universum nur Materie und kaum Antimaterie vor. Wo hält sich die Antimaterie also versteckt? Was ist mit der dunklen Energie und der dunklen Materie? Durch astronomische Beobachtungen wissen wir, dass zusätzliche Kräfte an den Galaxien zerren. Es scheint, als könnten wir im Universum 1/3 der Materie und 2/3 der Energie gar nicht sehen. Sie müssen aber da sein, um die Beobachtungen zur Ausdehnung des Universums zu erklären. Da diese fehlende Materie und die fehlende Energie nur indirekt beobachtbar sind, gaben die Physiker:innen ihnen die Namen »dunkle Materie« und »dunkle Energie«. Etwas Suspense kann ja nicht schaden.

Was im Detail dahintersteckt, ist bislang ein Mysterium. Und wie all das in eine allumfassende Theorie passen könnte, ist dabei das größte Rätsel.

Alle suchen nach den Antworten, aber auch nach den passenden Fragen danach, was unsere Welt im Großen und im Kleinsten zusammenhält. Aber jenseits dieser Gruppe, die der klassischen Forschung zugewandt ist, gibt es Ingenieur:innen, Informatiker:innen, Professor:innen und Techniker:innen, die sich einer ganz anderen Fragestellung widmen: Wie kann man die Verrücktheiten der Quantenwelt im Labor gezielt herbeiführen und kontrollieren, um sie nutzbar zu machen? Können sie als reale Apparaturen unsere Welt technisch voranbringen? Die Quanten können Dinge, die wir in unserer klassischen Welt nicht können. Zum Beispiel an zwei Orten gleichzeitig sein, über spukhafte Fernwirkungen miteinander kommunizieren, Informationen teleportieren oder potentiell halbtote Katzen in Kisten sperren. Letzteres ist denkbar, aber quantenphysikalisch etwas aufwändiger. Erwin Schrödinger wird sich später im Buch an dieser Disziplin versuchen. Das alles hört sich mitunter obskur an, ist es aber nicht. Alles, was auf der Quantenebene vor sich geht, kann exakt berechnet, in vorhersagbare Aussagen überführt und mit Messungen verifiziert werden. So präzise die Quantentheorie jedoch unsere Welt beschreiben mag, so ist sie doch bisweilen etwas sperrig, wenn man sie im Detail durchdringen will. Diese Verständnislücke macht sich die Esoterik gerne zunutze und erfindet die wildesten Dinge, wie zum Beispiel die Quantenheilung – aus wissenschaftlicher Sicht ein großer Quatsch. Wenn Physiker:innen in hochgerüsteten Laboren über Jahre hinweg aufwändigste Experimente entwickeln, um die Quanten überhaupt zu Gesicht zu bekommen, ist mit bloßem Handauflegen quantenphysikalisch nicht viel zu bewirken oder gar zu heilen.

Die Quantenphysik ist real, wurde in Laboren unzählige Male ausgetestet, und ihre Beschaffenheit wurde in Millionen von Fachartikeln beschrieben. Sie ist inzwischen so gut erforscht, dass sie die Labore hinter sich zurücklassen kann, um der Welt ihr Potential zur Verfügung zu stellen. In diesem Sinne wurde um die Jahrtausendwende eine *zweite* Quantenrevolution ausgerufen. Bei der ersten Revolution ging es noch darum, die elementaren Eigenschaften der Quantenwelt zu durchdringen und zu verstehen, welche Konsequenzen sie auf angrenzende Naturwissenschaften wie die Chemie, die Biologie oder auch die Materialwissenschaften hat. Die heutige Maxime ist, das Potential der Quanten in Form ganz konkreter Anwendungen auszuschöpfen. Um ehrlich zu sein, ist das seit der Formulierung der Quantentheorie schon vielfach passiert (Erfindungen wie der Laser, der Transistor oder die Kernspintomographie gehen auf quantentheoretische Erkenntnisse zurück), wurde aber nicht so programmatisch ausgedrückt. Wir wollen heute explizit Quantencomputer, abhörsichere Quantenkommunikation und Quantensensoren, die alle besser sind als ihre klassischen Pendants. Und es ist tatsächlich so: Die Quantentechnologien ziehen in unsere Lebenswelt ein. Wer

Geld hat, kann sich schon heute einen echten Quantencomputer in ein hinreichend großes Wohnzimmer stellen. Diese Apparaturen sind noch sehr aufwändig, kostspielig und groß. Aber Konrad Zuses erster Computer war auch weit weg von den heutigen briefmarkengroßen Prozessoren. Nebenher entwickeln fast alle Industrienationen ihre Glasfasernetze weiter, um für die abhörsichere Quantenkommunikation vorbereitet zu sein. Und wer es auf die interkontinentale Längenskala abgesehen hat, installiert photonenfunkende Satelliten. Das sind alles größere Infrastrukturprojekte, aber die Quantensensoren spielen bereits jetzt in unserem unmittelbaren Alltag eine große Rolle. Zum Beispiel gibt es zentimetergroße quantenbasierte Magnetsensoren, die mit hoher Genauigkeit die Aktivitäten in unserem Gehirn beobachten. Damit können nichtinvasiv und ortsaufgelöst Schädigungen im Hirn erkannt werden. Dasselbe Schema kann benutzt werden, um die Impulse von Nervenenden in amputierten Gliedmaßen zu messen. Damit können völlig neuartige steuerbare Prothesen entstehen.

Wir wissen heute, dass die klassische Welt, wie wir sie sehen, uns nur als solche erscheint und in der Tiefe ganz anders funktioniert. Im Großen spüren wir auch nichts von Raumzeitkrümmungen und relativistischen Zeitdilatationen, da wir einfach zu leicht und zu langsam durch diese Welt reisen. Die Eigenarten der Relativitätstheorie lassen Sie sich am besten von Stephen Hawking in seinen Büchern erklären. Vereinfachend ließe sich aber sagen: Für die kosmischen Skalen sind wir als Menschen viel zu klein und für die Skalen der Quantenwelt viel zu groß. Daher sind uns im Alltag die Relativitätstheorie und die Quantentheorie ähnlich fern. Witzigerweise sogar ungefähr um denselben Faktor. Nehmen wir an, dass unser Leben auf der Meterskala seinen Lauf nimmt, so ist die

Quantenphysik bei einem Milliardstel Meter dominant und die Relativitätstheorie bei Milliarden von Metern. Wir leben genau in der Mitte. Aber in naher Zukunft werden wir der Quantenphysik öfter begegnen, sie passt ja durch ihre winzige Größe auch besser in unsere Welt hinein. Manchmal werden das Forschungsergebnisse aus der Grundlagenforschung sein, aber wahrscheinlicher wird uns die Quantenphysik in Form neuartiger Technologien begegnen, eingehüllt in einen gut isolierten metallischen Kasten mit vielen Kabeln, die zu einem klassischen Computer führen, und weiteren Kabeln, die uns am Monitor oder im Internet anzeigen, was passiert. Von außen wird es schwer sein, zu unterscheiden, ob das nur tolle Elektronik ist oder Quantentechnologien dahinterstecken.

Wie weit kann man als Laie die Quantenphysik verstehen? Ohne ein Studium der Grundlagen der Physik, der Mathematik, in der sie aufgeschrieben ist, und einer Diskussion der philosophischen Konsequenzen kommt man schnell an Grenzen. Aber das ist mit allen Wissenschaften so. Wer durchdringt denn, wie ein Mikroprozessor mit Milliarden von Transistoren funktioniert? Oder wie der mikrobiologische Kosmos unser Leben zusammenhält? Unmöglich. Zu komplex. Aber man kann die elementaren Bausteine verstehen und wie sie zusammenarbeiten und ineinandergreifen. Was macht ein einzelner Transistor in meinem Laptop? Wie kombiniert er seine Transistoren, um 1 + 1 = 2 zu berechnen? Und was macht ein Quantencomputer mit seinen Quantengattern, was wird wohl das Ergebnis von 1 + 1 sein? Beides ist gar nicht so schwer zu verstehen, man muss nur etwas genauer hinsehen. Das machen wir jetzt. Los geht's. Ganz von Anfang an.

Die drei Urväter der Quantenphysik

Große Umschwünge, einmal losgetreten, fühlen sich oft zunächst nicht sehr gewaltig an. Manchmal ist selbst den beteiligten Personen nicht bewusst, dass sie gerade eine Revolution auslösen. So war es auch mit der Quantenphysik, als Max Planck sie 1900 aus der Taufe hob. Dieser Physiker aus Berlin nahm sich eines scheinbar leichten Physikrätsels an: Mit welcher Farbe leuchten glühende Körper, je nach Temperatur? Das Rätsel war aber recht vertrackt, und es war eine sonderbare Konstruktion, die er zur Lösung des Problems entworfen hatte: Energie soll nur in Paketen bestimmter Größe existieren. Seine Kollegen waren … skeptisch. Sogar Max Planck selbst wunderte sich, was er da erschaffen hatte. Es passte einfach so überhaupt nicht zu der bislang bekannten Physik. Wie es der Zufall wollte, las weit entfernt in der Schweiz ein junger Albert Einstein die »Abhandlungen (Plancks) mit geteilten Gefühlen«. Aber er las sie mit Neugier und machte sich ernsthafte Gedanken zu dieser seltsamen Theorie. Seine Erweiterungen der Planck'schen Arbeiten verhalfen der Quantenphysik letztendlich zum Durchbruch. Als dritter Urvater folgte etwas später der Däne Niels Bohr, der auch die materielle Welt der Atome quantenphysikalisch erklären konnte. Mit seinem Bohr'schen Atommodell war er so etwas wie der Katalysator der neuen Theorie. Seine Interpretation der Quantenphysik aus dem Jahre 1927 ist bis heute kanonisch. Damit ist die ganze Welt, alles Licht und alle Materie, quantenphysikalisch beschreibbar. Die Revolution war an diesem Punkt schon wieder fast vorbei. Nur die Öffentlichkeit bekam davon erst einmal wenig mit, und es dauerte bis in die 1970er Jahre, bis die Quantentheorie etwa im Schulunterricht auftauchte. Diese erste Quantenrevolution war also eine sehr gemächliche. Aber was genau hat Max Planck denn da vor weit über 100 Jahren losgetreten?

Die Quanten kommen

Berlin, 14. Dezember 1900, ein nasskalter Tag, der für die Physik so entscheidend sein wird wie jener Sommertag 1665, als angeblich ein Apfel auf Isaac Newtons Kopf fiel. Max Planck eilt von seiner Wohnung in Grunewald nach Berlin Mitte, um dort einen Vortrag über glühende Körper zu halten und nebenbei die Welt vor einer Katastrophe zu bewahren. Der Ultraviolettkatastrophe, die zwar nicht die Welt bedroht, aber in der theoretischen Physik ein großes Problem darstellt. Im ausgehenden 19. Jahrhundert schien in der Physik vieles geklärt zu sein. Johannes Kepler (1571–1630) hatte die Bewegung der Planeten erklärt, Isaac Newton (1643–1727) hatte sie in exakte Formeln gefasst, und James Clerk Maxwell (1831–1871) hatte die Elektrizität in vier einfache Gleichungen gezwungen. Aufbauend auf diesem Wissen hatte Rudolf Diesel (1858–1913) den ersten Verbrennungsmotor entwickelt und Nikola Tesla (1856–1943) die verrücktesten elektrischen Apparaturen erfunden, wie ferngesteuerte Schiffe und riesige Blitzgeneratoren. Aber diese heile Welt war nur scheinbar perfekt, es gab physikalische Phänomene, die sich der sogenannten klassischen Physik entzogen. Phänomene, die sich eben nicht mit Kepler, Newton und Maxwell erklären ließen. Man dachte sich, das seien Detailprobleme, die man schon gelöst bekomme, wenn man nur etwas genauer rechne. Nichts, worum man sich allzu große Gedanken machen müsste. Aber das entpuppte sich als grundlegend falsch. Viele, völlig neue, nie gedachte Gedanken waren nötig, um so etwas Einfaches wie ein glühendes Metallstück korrekt in einer Formel beschreiben zu können. Worum geht es hier? Glühende Körper leuchten je nach Temperatur in verschiedenen Farben. Ein Holzscheit verglimmt rötlich, eine deutlich heißere Eisenstange leuchtet gelborange, und die wirklich sehr heiße Sonne strahlt gelblichweiß vom Himmel. Das sind ganz unterschiedliche Objekte, aber allen ist gemein, dass nur die Temperatur vorgibt, welche Farbe das ausgesendete Licht hat.

Im Labor benutzten gleich mehrere Forschergruppen erhitztes pechbeschichtetes Platin, einen sogenannten »schwarzen Strahler«, um dieses Farbenspiel genauer zu studieren. Die beiden führenden Teams waren Ernst Pringsheim und Otto Lummer sowie Heinrich Rubens und Ferdinand Kurlbaum. Beide Labore befanden sich in der Physikalisch-Technischen Reichsanstalt Berlin und zählten zu den bestausgestatteten Forschungslaboren der Welt. Damit waren die wichtigsten Protagonisten allesamt gleichzeitig in Berlin, und der intensive persönliche Kontakt war entscheidend für die rasche Entwicklung der Quantenphysik. Um was für eine Art von Leuchten handelt es sich hier? Es ist keine Verbrennung oder chemische Reaktion – allein die Temperatur erzeugt das Leuchten. Ein Festkörper besteht aus Atomen, die miteinander verbunden sind, allerdings – bildlich gesprochen – nicht mit festen Stangen, sondern eher mit elastischen Federn. Daher können die Atome gegeneinander schwingen. Je höher die Temperatur des Materials ist, desto heftiger schwingen die Atome. Die Schwingungen führen aber auch dazu, dass ab und an Schwingungsenergie in Licht umgewandelt wird. Damit verliert der Körper ein wenig Energie, und es gibt etwas mehr Licht. Das gesamte Licht, kurz Lichtfeld, hat somit an Energie gewonnen. Umgekehrt geht das auch. Licht zerrt als elektromagnetische Welle an den Atomen, Energie wird absorbiert und lässt die Materie stärker schwingen. Die Energie fließt in beide Richtungen, es ist ein Geben und Nehmen, bis zwischen dem Strahler und der Strahlung alles im Gleichgewicht ist.

Die Frage, die man nun stellen muss, ist: Wann ist denn etwas im Gleichgewicht? Wenn beide Seiten gleich viel Energie haben oder gleich schnell schwingen? Nein! Die Antwort kommt aus der Thermodynamik. Diese Theorie beschreibt Systeme, die aus Myriaden von Teilchen bestehen: Gase, Flüssigkeiten, Kristalle, Metalle, Steine oder Plasmen und eben auch Lichtfelder. Im Mikroskopischen folgen all diese Teilchen und Lichtfelder den klassischen Gesetzen von Newton und Maxwell. Das ließe sich im Prinzip exakt berechnen, wäre aber bei dieser großen Anzahl von Teilchen viel zu aufwändig, wenn nicht gar unmöglich. Zum Glück wurde im 19. Jahrhundert die Thermodynamik entwickelt. Hier sieht man sich lediglich an, was im Durchschnitt passiert. Damit kommt man erstaunlich weit, und wir verdanken der Thermodynamik so großartige Erfindungen wie Dampfmaschinen, Motoren und Kühlschränke. Aber Vorsicht! Auch die Thermodynamik ist eine wirklich anspruchsvolle Angelegenheit. Daher kürzen wir hier ab: Zwei Systeme sind im thermodynamischen Gleichgewicht, wenn sie dieselbe Temperatur haben. Das kann man sich leicht vorstellen. Wenn ein frisch geschmiedetes Stahlteil im Wasser abgeschreckt wird, dann zischt und blubbert es erst einmal, aber nach einiger Zeit hat sich alles beruhigt und Stahl und Wasser haben genau dieselbe Temperatur. Und so muss es auch für den schwarzen Strahler und sein Lichtfeld sein. Man muss nur noch akzeptieren, dass etwas Immaterielles wie Licht auch eine Temperatur haben kann.

Schwarzes Licht

Warum muss ein solcher Strahler aber schwarz sein? Kann etwas Schwarzes überhaupt leuchten? Die Idee geht auf Gustav Robert Kirchhoff zurück. Um Berechnungen zu vereinfachen, verlangte er in einer Arbeit aus dem Jahr 1860 ein idealisiertes Material, das alle Farben, also alle Wellenlängen des Lichts, gleichberechtigt absorbiert. Hätte ein Körper eine bestimmte Farbe, zum Beispiel Grün, dann würden alle Farben absorbiert außer Grün. Jegliches grüne Licht, das auf den Körper trifft, wird reflektiert und kommt unverändert wieder zurück. Die Energie, die in dem grünen Licht steckt, hatte gar keine Möglichkeit, sich mit der Energie, die im Festkörper steckt, auszutauschen und zu durchmischen. So kommen Licht und Körper nicht in ein energetisches Gleichgewicht. Wie wird nun aber aus Wärme Licht und aus Licht Wärme? Wird ein Körper erwärmt, dann beginnen die Atome, aus denen der Körper aufgebaut ist, sich schneller zu bewegen. Da es sich um einen Festkörper handelt, können sie sich nicht frei wie in einer Flüssigkeit bewegen, sondern schwingen hin und her. Diese Schwingungen verhalten sich dann ähnlich wie die Elektronen

Gustav Robert Kirchhoff (* 12. März 1824 in Königsberg (Preußen); † 17. Oktober 1887 in Berlin). Wenn Planck, Einstein und Bohr die Urväter der Quantenphysik sind, dann ist Kirchhoff der Urgroßvater. Große Bekanntheit erlangte er über seine Regeln zu Stromkreisen, die jeder mal im Physikunterricht kennengelernt hat. Nach Stationen in Berlin und Breslau folgte er Robert Bunsen nach Heidelberg, wo die beiden die Spektralanalyse entwickelten. Damit konnten sie zeigen, dass verschiedene Atome nur in ganz bestimmten Farben fluoreszieren. Sie haben eine Art leuchtenden Fingerabdruck. Diese sogenannten Spektrallinien waren essentiell für die Entwicklung des Bohr'schen Atommodells.

in einer Antenne. In einer Antenne fließt ein Strom von Elektronen hin und her, und bewegte Ladungen strahlen elektromagnetische Wellen ab. Wird Licht emittiert, verliert der Körper etwas Energie, die Schwingungen werden schwächer, und der Körper kühlt ab. Der ganze Prozess funktioniert wie bereits erwähnt auch umgekehrt. Trifft Licht auf einen Körper, können die Atome die Energie des Lichtfelds aufnehmen, erhalten dadurch mehr Schwingungsenergie, und es wird wärmer. Das kann man ganz einfach selbst überprüfen, indem man etwa eine Hand unter eine Wärmelampe hält.

Von einem schwarzen Körper wird nun jede Farbe absorbiert und wieder emittiert, bis die Wärmeenergie im Material und die Energie der elektromagnetischen Schwingungen des Lichtfelds im Gleichgewicht sind. Dennoch haben wir es immer noch mit verschiedenen Farben zu tun. Just hier bahnt sich die Katastrophe an.

Um zu verstehen, was genau passiert, schauen wir noch einmal in den Laboren der Physikalisch-Technischen Reichsanstalt vorbei. Anstatt eines schwarzen Körpers, der das Licht in die ganze Welt abstrahlt, war es besser, eine schwarze Box zu verwenden, die innen hohl ist. Damit tummelt sich das Lichtfeld im Inneren auf eine besser kontrollierte Art und Weise. Um zu sehen, was mit dem eingesperrten Licht passiert, bohrten die Forscher ein kleines Loch in eine Wand der Box, damit etwas von dem Licht austreten kann. Dieses Licht zerlegten sie dann in seine einzelnen Farben. Das kann man zum Beispiel mit einem Prisma machen, wie nicht nur Pink-Floyd-Fans wissen. Ziel ist es, die Verteilung der Farben bzw. der Wellenlängen zu ermitteln. Welche Farbe leuchtet stark, und welche leuchtet wenig? Über die Verteilung der Farben kann man die Temperatur des Lichtfelds ermitteln. Viele rote Anteile deuten auf eher niedrigere Temperaturen hin, viele blaue Anteile auf eher höhere Temperaturen. Das erscheint erst mal widersprüchlich, da Blau als kalte Farbe gilt. Aber tatsächlich ist blaues (ultraviolettes) Licht energiereicher als rotes (infrarotes) Licht. Sehr blaues UV-Licht ist sogar krebserregend, da es chemische Bindungen sprengen kann. Infrarotes Licht sorgt eher für ungefährliche, wohlige Wärme.

Die Vorrichtung hatte noch einen weiteren Vorteil: Durch den klaren und einfachen Aufbau wurden auch die theoretischen Berechnungen einfacher. Damit konnte man Theorie und Experiment ideal gegeneinander antreten lassen.

Die elektromagnetischen Wellen im Inneren kann man sich wie die Schwingungen einer Gitarrensaite vorstellen. An den Wänden der schwarzen Box hat die Welle je einen Knoten, so

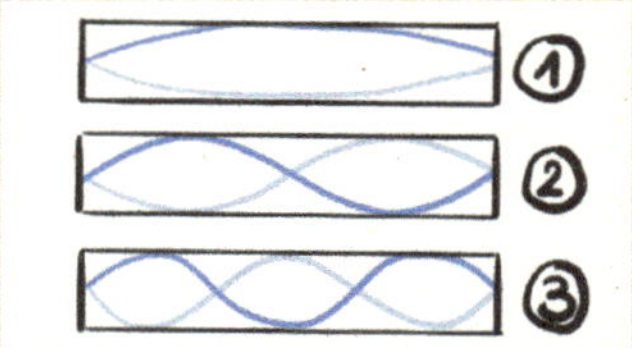

Abbildung 1: Anregungsmoden: Die Schwingung mit der niedrigsten Frequenz und der größten Wellenlänge (1) nennt man die Grundmode. Bei einer Gitarre ist das der tiefste Ton und bei dem schwarzen Strahler das »röteste« Licht. Die nächsthöhere Mode (2) hat einen zusätzlichen Knoten genau in der Mitte und ist genau eine Oktave höher. Gitarrist:innen kennen diese Töne als Flageoletttöne. Die Frequenz hat sich verdoppelt und die Wellenlänge halbiert. Der Ton ist also höher, und im schwarzen Strahler ist dieses Licht etwas »blauer«. Für jeden weiteren Knoten wird die Wellenlänge kürzer und die Frequenz höher. Das Licht geht irgendwann vom Blauen sogar ins Ultraviolette über, und es geht immer weiter bis ins Unendliche.

wie auch eine Gitarrensaite an beiden Enden fest fixiert ist. Zupft man die Gitarrenseite an, so erhält man den Grundton mit zwei Knoten und einem Schwingungsbauch. Die sogenannte Grundmode gibt es auch für das eingesperrte Lichtfeld. Hier schwingt nun das elektromagnetische Feld ganz ebenso. An den gegenüberliegenden Wänden hat die Lichtwelle ebenfalls einen Knoten und in der Mitte einen Bauch (siehe Abbildung 1). So wie die Saite bei verschiedenen Frequenzen schwingt, leuchtet das Licht im Schwarzkörper bei verschiedenen Farben. Doch welche Mode bekommt wie viel von der verfügbaren Energie?

Kehren wir zur Thermodynamik zurück. Sie sagt, dass in einem System jeder Zustand gleichberechtigt besetzt wird. Das gilt auch für die Moden in der schwarzen Box. Wenn es aber so viel mehr Moden im Ultravioletten gibt, dann wird bei einer gleichmäßigen Verteilung der Energie auch viel mehr Energie bei den ultravioletten Moden landen. Für den roten Spektralbereich bleibt nur ein kläglicher Rest. Das ist die Ultraviolettkatastrophe. Alles sollte wie verrückt im Blauen leuchten. Egal bei welcher Temperatur, die Moden mit kurzer blauer oder ultravioletter Wellenlänge gewinnen immer.

Dieses Überangebot an hochenergetischen Moden konnte Planck mit einem Trick aus der statistischen Physik beheben. Dazu kommen wir am Ende des Kapitels. Sein eigentlicher Fokus lag auf der Verteilung der Farben im infraroten Bereich, also genau am anderen Ende des Spektrums. Denn auch hier stimmte etwas nicht. Alle Berechnungen sagten für die niederenergetischen Moden eine andere Verteilung voraus, als in den Berliner Laboren gemessen wurde. Lag es an den Messmethoden? Das konnten die Experimentatoren an der Physikalisch-Technischen Reichsanstalt ausschließen. Ihr großes Verdienst war es, die besten Methoden in der Infrarotspektroskopie zu entwickeln. Ihre Daten passten einfach zu keiner Rechnung. Hier kommt ein Paradigma der Physik ins Spiel, oder wie wir heute sagen würden, *best practice*: Das Experiment hat immer recht. Es ist ein direktes Abbild unserer Welt. Nun muss man Hypothesen spinnen, die die beobachteten Phänomene auch mathematisch exakt erfassen. Manchmal muss man dafür auch unumstößliche Wahrheiten über Bord werfen. So wie Galileo Galilei, Charles Darwin und Sigmund Freud hat auch Max Planck genau das gemacht. Er versuchte, eine Erklärung zu finden, die dieses Schwarzkörperspektrum exakt beschreibt. Dazu musste er eine neue Annahme einführen, die in der bisherigen Physik nicht vorkam: Energie darf ab jetzt nur noch in Paketen ganz bestimmter Größe existieren. Das klingt erst einmal nicht spektakulär. Was bedeutet das? Nehmen wir wieder die schwingende Saite. Ist sie nicht angeschlagen, liegt sie ruhig da und hat damit auch keine Energie. In unserer klassischen Welt kann man die Saite jetzt in allen Stärken anschlagen, von ganz leise bis ganz laut. Planck sagt aber, dass das nur in Schritten möglich ist. Es gibt nur »Aus«, einmal »Laut«, zweimal »Laut« und so weiter. Es gibt also eine Quantisierung der Lautstärke, in etwa so wie bei einem Fernseher, den man nur in Stufen von »Stumm = (0)« auf »die Nachbarschaft hört mit = (100)« durchschalten kann. Ähnlich verhält es sich im Schwarzkörper. Das Material muss erst einmal genügend Energie haben, um ein Energiequant in Licht umwandeln zu können.

Die Frage ist: Was bestimmt den Zusammenhang zwischen Licht und der Energie, die solch ein Energiepaket haben kann? Die einfachste Antwort ist die richtige. Die Energie E ist proportional zur Frequenz f des Lichts. Heraus kam eine einfache Formel: $E = h \times f$. Das bedeutet: Ein Lichtfeld der Frequenz f kann mit einer zunächst unscheinbaren Konstante h nur in den Energien $0 \times h \times f$, $1 \times h \times f$, $2 \times h \times f$ und so weiter vorkommen. Die Energie kann nicht $7{,}834 \times h \times f$ sein, nur die ganzzahligen Vielfache sind erlaubt. Eine ungewöhnliche Vorschrift oder gar ein Verbot? Warum sollte man das Lichtfeld und damit die Energie nicht beliebig aufteilen dürfen? Warum soll die Energie nur in Paketen daherkommen? Wie soll man das mit den bisherigen Erkenntnissen in der Physik in Einklang bringen? Allen Bedenken zum Trotz, mit dieser Annahme einer Energiequantelung passten Plancks Rechnungen endlich exakt auf

Max Planck (* 23. April 1858 in Kiel (Herzogtum Holstein); † 4. Oktober 1947 in Göttingen). Planck studierte ab 1874 Physik an der Ludwig-Maximilians-Universität München. Als er zum Wintersemester 1877 nach Berlin wechseln wollte, um sich der theoretischen Physik zu widmen, kam es zu einem Gespräch mit seinem Münchner Professor Philipp von Jolly. Der meinte zu ihm, dass es in der theoretischen Physik nicht mehr viel Neues zu finden geben werde. »Man kann wohl hier und da in dem einen oder anderen Winkel noch ein Stäubchen auskehren.« Nicht gerade sehr motivierend. Zum Glück hat sich Planck nicht beirren lassen und ging nach Berlin. Nach einer vierjährigen Zwischenstation in Kiel wechselte er 1889 schließlich auf eine Professur an die Friedrich-Wilhelms-Universität Berlin, an der er bis zu seiner Emeritierung blieb und 1900 die Quantentheorie begründete. Nachdem er 1905 Arbeiten des jungen Einstein zur speziellen Relativitätstheorie gelesen hatte, wurde er zu einem seiner wichtigsten Unterstützer. Von 1930 bis 1937 war er in schwierigen Zeiten Präsident der Kaiser-Wilhelm-Gesellschaft zur Förderung der Wissenschaften und konnte in dieser machtvollen Position vielen jüdischen Kollegen helfen. Er setzte sich auch persönlich bei Adolf Hitler ein, um eine Verbesserung zu erreichen, drang damit aber nicht durch.

die experimentellen Beobachtungen, zumindest im infraroten Bereich. Gleichzeitig half diese Idee, auch die Ultraviolettkatastrophe einzuhegen. Je größer die Frequenz wird, desto größer wird auch das Energiepaket $E = h \times f$. Irgendwann ist im ganzen System nicht genügend Energie vorhanden, um ein Feld bei einer sehr großen Frequenz f zu erzeugen. Die Übermacht der ultravioletten Lichtmoden ist damit gebrochen, aber noch nicht vollständig. Hier kommt der zweite Geniestreich Max Plancks aus der mit der Thermodynamik verwandten statistischen Physik, wie oben schon angekündigt. Die Thermodynamik besagt, dass alle möglichen Zustände im Mittel gleich viel Energie erhalten. Doch wie viele Zustände gibt es? Wenn man eine Mode nimmt, kann diese mehrere Energiepakete $h \times f$ aufnehmen, sagen wir beispielsweise zwei Pakete. Solch ein Paket ist ein Lichtfeld mit der Frequenz f und der Energie $h \times f$. Das zweite Paket schwingt bei der exakt selben Frequenz und hat genau dieselbe Energie. Sie sehen also exakt gleich aus, und wenn sie an demselben Ort schwingen, kann man sie nicht unterscheiden. Etwas bildhaft kann man sich vorstellen, dass es so aussieht, als ob man zwei identische Wolken überlagert. In solch einer Doppelwolke kann man die eine nicht von der anderen unterscheiden. Wenn man sie austauscht, ändert sich nichts. Sie sind absolut ununterscheidbar, und man hat anstatt zweier Zustände nur einen Zustand. Nimmt man sehr viele identisch überlagerte Energiepakete, reduziert sich die Anzahl der Kombinationsmöglichkeiten enorm, vor allem im Ultravioletten, in dem trotz der Quantisierung immer noch ein Überangebot herrscht. Damit war die Ultraviolettkatastrophe abgewendet. Diese Art der Statistik wird heute als Bose-Einstein-Statistik bezeichnet. Die Quantenphysik war ja am Anfang eine recht deutsche, allenfalls europäische Angelegenheit. Aber 1924 sandte Satyendranath Bose aus dem entfernten Dhaka, der Hauptstadt des heutigen Bangladesch, einen Brief an Einstein mit der Bitte, seine Arbeit über die Statistik von

Lichtteilchen zu begutachten. Einstein war von dieser Arbeit begeistert, übersetzte sie ins Deutsche und brachte sie zur Veröffentlichung.

Das Problem der unendlich vielen ultravioletten Lichtmoden wurde der Physikergemeinde allerdings erst fünf Jahre später bewusst. Baron Rayleigh und James Jeans veröffentlichten 1905 je ein Strahlungsgesetz, das auf der bisherigen Physik basierte und eben dieses Problem klar formulierte. Vom Problem zu einer »Gefahr« beförderte es schließlich Paul Ehrenfest, indem er im Jahr 1911 plakativ von der Ultraviolettkatastrophe sprach, da ohne den statistischen Kniff die Sonne extrem viel ultraviolettes Licht abstrahlen würde und damit kein Leben auf der Erde möglich wäre. Dieser Begriff war derart griffig, dass die Wissenschaftsgemeinde nachfolgend die Geschichte umschrieb, um die Reihenfolge der Ereignisse etwas theatralischer darzustellen. Bis heute! Viele Lehrbücher sind immer noch der Meinung, dass Planck durch die Ultraviolettkatastrophe zu seiner Strahlungsformel gelangte. Wenn Physiker Geschichten erzählen, muss man also mitunter vorsichtig sein.

Aber was ist mit der Konstante h? Herr Planck, was sagen Sie dazu? Er hatte auch keine so rechte Idee, was dieses h genau sein könnte. Zunächst handelt es sich um eine Hilfsvariable, h wie Hilfsvariable. Planck war sich sicher, dass man sie später noch würde berechnen können, basierend auf den klassischen Theorien. So kam es aber nicht. Dieses h kam, um zu bleiben, und aus der Hilfsvariable ist das **Planck'sche Wirkungsquantum** geworden. Es ist die fundamentale Größe der Quantenphysik – eine Naturkonstante. Man kann es messen, sehr genau sogar, aber nicht berechnen. Diese Konstante ist sehr klein, zumindest, wenn man die üblichen Einheiten (m, kg, s) verwendet. Ihr Wert ist h = 0,0000000000000000 00000000000000000662607015 Joule × Sekunde. Ein Joule ist ungefähr die Energie, die benötigt wird, um einen Gegenstand mit einem Gewicht von 100 Gramm vom Boden aufzuheben. Wir sehen also: Bei der Quantenphysik geht es um sehr kleine Effekte auf sehr kleinen Skalen.

Planck hat ein Gesetz entdeckt, mit dem sich das Spektrum der Schwarzkörperstrahlung exakt herleiten lässt. Energie kommt in der Natur also nur stückchenweise vor. Ist damit schon die Quantenphysik erklärt? Nicht ganz. Diese Energiepakete müssen erst noch zu Licht-Energiepaketen werden, und schließlich werden diese sogar noch zu Lichtteilchen, den **Photonen**.

Wie Licht ein Teilchen wurde

Max Planck bezeichnete seine Herleitung der Strahlungsformel als einen »Akt der Verzweiflung«. Und solch »zweifelhafte Abenteuer« seien so gar nicht sein Metier. Er schien nicht glücklich zu sein mit seinem Ansatz. Seine Arbeit wurde auch in der fernen Schweiz gelesen, von keinem Geringeren als dem noch sehr jungen Albert Einstein. Der sich ebenfalls wunderte, was das nun bedeuten sollte. Einstein hatte gerade sein Studium am Polytechnikum Zürich abgeschlossen und Schwierigkeiten, eine Anstellung zu finden. Es waren unstete Jahre, aber er fand immer wieder Gelegenheit, über die sonderbaren Berechnungen Plancks nachzudenken. Vor allem die Quantisierung der Energie und die Sache mit den ununterscheidbaren Zuständen trieben ihn um. Beides ergibt im Rahmen der klassischen Physik keinen Sinn. Aber die Formel passte nun mal zu

Albert Einstein (* 14. März 1879 in Ulm; † 18. April 1955 in Princeton, New Jersey). Auf den Top-10-Listen der bedeutendsten Persönlichkeiten der Menschheit ist Albert Einstein eine Konstante. Und das, obwohl kaum jemand im Detail versteht, was er genau geleistet hat. Die Anekdoten über ihn sind Legion, aber vielfach frei erfunden. Nach seinem Physikstudium am Polytechnikum Zürich (der heutigen ETH Zürich) arbeitete er zunächst als Patentanwalt dritter Klasse, bevor es ihn 1914 als Professor nach Berlin verschlug. Der Irrsinn der Nazizeit hatte unmittelbare Auswirkungen auf sein Leben. Da die Quantenphysik und die Relativitätstheorie als jüdische Theorien galten und seine Bücher 1933 sogar verbrannt wurden, verließ er Deutschland und fand schließlich eine neue Heimat an der Princeton University in den USA, wo er auch verstarb.

perfekt zu den experimentellen Daten. Irgendetwas musste daran schon richtig sein. Was Einstein vor allem beschäftigte, war die Frage nach der Quantisierung. Wo kommt sie her? Sind das die Schwingungen im Material, also Schwingungsquanten? Ist das eine Eigenschaft des Lichtfelds, und handelt es sich damit um Lichtquanten? Oder ist der Energieaustausch zwischen Materie und Licht verantwortlich, als Energieaustauschquantelung? Oder trifft alles gleichzeitig zu? Die Diskussion wurde erst einmal nicht sehr prominent und nur von einem kleinen Kreis geführt.

Einstein nahm die Ideen Plancks ernst und versuchte, zur Lösung der Probleme beizutragen. 1902 erhielt er dann endlich eine feste Anstellung als sogenannter technischer Experte 3. Klasse beim Schweizer Patentamt in Bern, was seinem Leben eine gewisse Stabilität gab. Neben seiner Arbeit als Patentprüfer fand er nun genügend Zeit, sich mit der aktuellen Forschung zu befassen, und konnte sogar einige Arbeiten publizieren. Dann kam das Jahr 1905, sein *annus mirabilis*. In nur diesem einen Jahr veröffentlichte er drei der wichtigsten Arbeiten der Physikgeschichte: Eine Arbeit zur Brown'schen Molekularbewegung, die Grundlagen der speziellen Relativitätstheorie und schließlich die Lichtquantenhypothese. Nebenbei reichte er auch noch seine Dissertation *Eine neue Bestimmung der Moleküldimensionen* ein. Jede dieser Arbeiten hätte einen Nobelpreis verdient. Überraschenderweise bekam er ihn aber für die Quantenphysik und nicht für die Relativitätstheorie, mit der er viel größere Berühmtheit erlangte.

Einstein eröffnete seinen Aufsatz zur Lichtquantenhypothese mit der Überschrift: »Über eine die Theorie der ›schwarzen Strahlung‹ betreffende Schwierigkeit«, um diese Schwierigkeit über viele Seiten hinweg scharf herauszuarbeiten. Aber zum Ende gibt es eine überraschende Wende. Einstein ist nicht mit Plancks Herangehensweise einverstanden und bringt die Energiequantelung mit einem weiteren Experiment in Verbindung, das der klassischen Physik ebenfalls nicht gehorchen wollte: dem lichtelektrischen Effekt. Da Physiker:innen es lieben, griechische Begriffe zu verwenden, sprechen wir heute vom **Photoeffekt**, abgeleitet vom altgriechischen phōs (φῶς) = Licht. In diesem Experiment beobachtete Philipp Lenard im Jahr 1900 in seinem Labor in Kiel, dass Metalle unter Beleuchtung Elektronen emittieren können. Das einfallende

Licht gibt dabei seine Energie an die Elektronen im Metall ab, so dass sie die Bindung an das Metall überwinden und frei davonfliegen. Dabei waren vor allem vier Beobachtungen interessant:

1) Die Anzahl der emittierten Elektronen wächst mit der Helligkeit (Amplitude der elektromagnetischen Welle) an. Obwohl die Amplitude der Lichtwelle größer wird, bleibt die Geschwindigkeit der ausgelösten Elektronen exakt gleich. Das passt nicht mit einem Wellenbild des Elektromagnetismus zusammen. Kommt eine höhere Welle, würde man auch mehr Energieübertragung, also schnellere Elektronen erwarten.
2) Ändert man aber die Wellenlänge des Lichts, zum Beispiel in Richtung höherer Frequenzen zum ultravioletten Licht, dann werden die Elektronen schneller.
3) Verringert man die Frequenz des Lichts zum Roten, dann werden die Elektronen immer langsamer, bis ab einer bestimmten Frequenz keine Elektronen mehr ausgelöst werden. Es gibt also eine Schwelle, die man überwinden muss.
4) Zuletzt konnte man die Helligkeit des Lichts so weit dimmen, wie man wollte, man konnte immer sofort nach dem Anschalten des Lichts einen Strom an Elektronen feststellen. In einem Wellenbild hat schwach leuchtendes Licht eine sehr kleine Amplitude und wenig Energie. Man würde erwarten, dass eine sehr schwache Welle Zeit benötigt, um genügend Energie auf das Elektron zu übertragen, um es schließlich aus dem Metall herauszulösen. Wie kann es sein, dass das Elektron beim ersten Kontakt mit der Wellenfront augenblicklich emittiert wird?

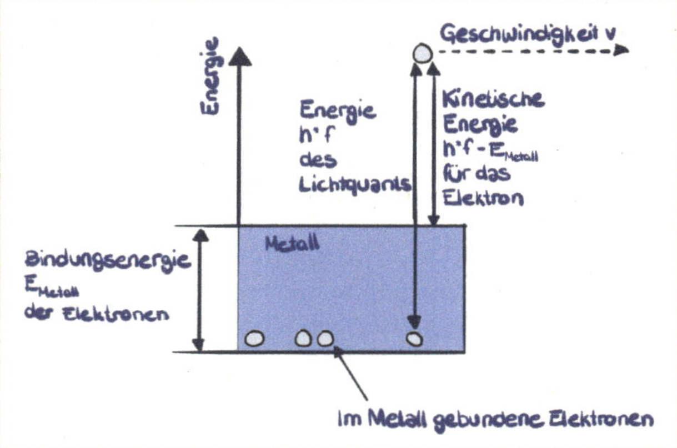

Abbildung 2: Energieniveaus für den Photoeffekt. Es sind drei Energien relevant. Die Bindungsenergie im Metall E_{Metall}, die Energie $h \times f$ des Lichtquants und die Differenz aus beiden, die vollständig in die kinetische Energie E_{kin} für das Elektron umgewandelt wird. Ist die Bindungsenergie konstant und man strahlt Licht mit einer festen Frequenz ein, so dass die Energie der Lichtquanten ebenfalls immer konstant, aber größer als die Bindungsenergie ist, bleibt immer der gleiche Differenzbetrag an Energie übrig, die in die Bewegung der herausgeschleuderten Elektronen übergeht: Diese freien Elektronen sind immer exakt gleich schnell.

Einstein hatte eine einfache Erklärung für all diese Phänomene. Die Lichtfelder sind wirklich quantisiert in Energiepaketen. Genau die Energiepakete, die sich Planck vorgestellt hatte, nur dass diese eindeutig dem Lichtfeld zugeschrieben werden. Daher der Name Einstein'sche Lichtquantenhypothese. An der Planck'schen Formel ändert sich dabei nichts: $E = h \times f$. Blaues Licht (hohe Frequenz f) hat viel Energie und rotes Licht (kleine Frequenz f) dagegen wenig.

Das Elektron sei nun mit der Energie E_{Metall} gebunden. Ist die Energie des Lichtquants $E = h \times f$ kleiner als E_{Metall}, dann ist nicht genügend Energie vorhanden, um das Elektron aus dem Metall herauszulösen. Ist die Energie $h \times f$ größer als die Bindungsenergie E_{Metall}, dann kann es energetisch über die Schwelle gehoben werden. Es ist sogar noch etwas Energie übrig: $E_{kin} = h \times f - E_{Metall}$. Dieser Energieüberschuss geht ganz in die Bewegungsenergie (kinetische Energie E_{kin}) des Elektrons über. Da die Energien der Lichtquanten bei einer bestimmten Frequenz immer gleich sind, bleibt auch immer dieselbe Restenergie für die Bewegung der Elektronen übrig. Nimmt man Licht höherer Frequenz, dann bleibt eine größere Energiemenge für die kinetische Energie der Elektronen übrig, und sie werden schneller. Dies ist ein klarer Hinweis, dass für die Quantisierung der Energie tatsächlich die Lichtfelder selbst verantwortlich sind. Warum kann aber ein Elektron nicht einfach zwei Lichtquanten absorbieren? Könnte es dann nicht auch schneller unterwegs sein? Eine Doppelabsorption ist ein nichtlinearer Prozess und ist vergleichsweise unwahrscheinlich. Man benötigt dafür sehr hohe Intensitäten, die sich zum Beispiel mit dem damals noch nicht erfundenen Laser erzeugen lassen. Aber kaum war 1960 der erste Laser da, war auch schon exakt ein Jahr später das Forschungsgebiet der nichtlinearen Optik etabliert, um derartige Phänomene zu beobachten.

Die Lichtquanten sind für eine Frequenz immer gleich groß und immer exakt identisch. Ist damit ein Lichtquant auch ein Teilchen? Ist es ein Objekt, das man nicht teilen kann? Ist es ein ἄτομος (atomos), ein Elementarteilchen, aus dem unser Universum besteht? Gehen wir zurück zu Demokrit. Der vermutete bereits vor fast 2500 Jahren, dass es kleinste unteilbare Bausteine geben muss, aus denen unser Universum besteht. Damit bekamen die **Atome** ihren Namen. Heute wissen wir, dass Atome nicht unteilbar sind. Sie bestehen aus einem **Atomkern** und **Elektronen**, die den Kern umkreisen. Der Kern wiederum besteht aus **Neutronen** und **Protonen**, und diese wiederum bestehen aus **Quarks**. Die Quarks und die Elektronen sind nach unserem Wissen heute allesamt Teilchen, die wirklich unteilbar sind. Somit ist Demokrits Idee immer noch gültig. Mal sehen, wie lange diese Unteilbarkeit noch hält.

Bei unseren Lichtteilchen ist das etwas anders. Sie sind teilbar, sogar beliebig teilbar. Ein Lichtteilchen mit der Energie $h \times f$ kann zum Beispiel in zwei Lichtteilchen zerfallen, bei dem jedes die Hälfte der Energie davonträgt. Aber diese zwei neuen Teilchen sind trotzdem immer noch quantisierte Energiepakete, sie schwingen nun bei der halben Frequenz $f/2$ und haben damit je nur die Hälfte der Energie $h \times f/2$. Diese Photonenhalbierung ist ein wichtiger Prozess in der sogenannten Quantenoptik, um ein hochenergetisches schnellschwingendes, blaues Lichtteilchen in zwei niedrigenergetische langsam schwingende, rote Lichtteilchen aufzuteilen.

Zurück zur quantisierten Lichtquelle. Wie müsste sich ein Lichtquant verhalten, um als echtes Teilchen anerkannt zu werden? Es ist die vierte Beobachtung des Photoeffekts, bei der der Elektronenstrom unmittelbar einsetzt, die für einen Teilchencharakter spricht. Teilchen sind **korpuskular**, das heißt, sie sind räumlich sehr kompakte Objekte, ganz im Gegensatz zu einer weit ausgedehnten Welle. Licht kann man sich unter bestimmten Gesichtspunkten wie einen Strom von

Teilchen vorstellen, der losfliegt, sobald man das Licht einschaltet. Da es trotz alledem noch Licht ist, muss der Strom sich an die Lichtgeschwindigkeit halten, was aber nur zu einer sehr kleinen Verzögerung führt, bis er auf das Metall trifft. Die Lichtquantenteilchen stoßen jetzt wie Billardkugeln mit den Elektronen zusammen. So ein Stoß benötigt kaum Zeit, und damit wird das Elektron quasi sofort nach dem Einschalten des Lichts hinauskatapultiert. Diese mikroskopische Beschreibung von Einstein ist schon nah an dem dran, wie wir es heute verstehen. Aber es dauerte tatsächlich noch fast 20 Jahre, bis aus den Lichtquanten echte Lichtteilchen werden, die Photonen.

Ein Grund, warum es so lange dauerte, ist heute nicht einfach zu rekonstruieren. Es ist wohl eher das Zusammenspiel mehrerer Faktoren. Das klassische Wellenbild von Licht war einfach zu erfolgreich. Vor allem während des 19. Jahrhunderts manifestierte sich eine Theorie des Lichts, mit der fast alle optischen Beobachtungen und Phänomene erklärt werden konnten. Der größte Durchbruch gelang James Clerk Maxwell, der im Jahr 1865 die Elektrizität, den Magnetismus und elektromagnetische Wellen in Form von vier einfachen gekoppelten Gleichungen zueinander in Beziehung setzte. Ein Komplettpaket für alles, was mit Licht, elektrischen und magnetischen Feldern zu tun hatte. Maxwell definierte damit am Ende des 19. Jahrhunderts zwei klar getrennte Entitäten: ausgedehnte Lichtwellen und räumlich stark konzentrierte Teilchen. Zwei Welten, die in den Köpfen der Forscher als zwei Seiten derselben Medaille so gar nicht zueinander finden wollten.

Ein weiterer Grund, warum die Idee der Quantisierung der Lichtfelder sich nicht richtig durchsetzte, ist die doch recht geringe Abweichung der Schwarzkörperstrahlung im infraroten Spektrum von der klassischen Theorie. Ein weiterer Standpunkt war auch, dass diese Energiequanten vielleicht gar nicht im Licht anzusiedeln sind. Die Prozesse in einem Körper und wie dieser Licht absorbiert und emittiert sind schließlich recht kompliziert und lassen viele andere Erklärungsmöglichkeiten zu. Kurzum, das Konzept von Energiepaketen und Lichtquanten wurde von vielen Wissenschaftler:innen zunächst als nicht sehr wichtig erachtet. Es gab aber auch diese kleine Gruppe unter ihnen, die nicht lockerließ und die Physik für immer verändern sollte.

Damit die Wellen den Sprung zu den Teilchen vollenden konnten, musste ein experimentelles Resultat gefunden werden, das nicht mit einer Wellentheorie erklärt werden kann, sondern ganz und gar teilchenartig ist. Wir haben vorhin gesehen, dass die Lichtquanten Elektronen aus dem Metall herauslösen können und dass sie dafür recht korpuskular sein müssen. Jedoch ist das Bild von den Billardkugeln noch nicht ganz richtig. Den Photoeffekt kann man einigermaßen einfach mit klassischen Energieargumenten erklären. Billardkugeln, die sich gegenseitig anstoßen, werden nicht benötigt. Aber etwas anstoßen zu können ist ein Privileg der Teilchen. Diese »Stoßwirkung« wird am besten durch den Impuls p beschrieben, der als das Produkt von Masse m und Geschwindigkeit v definiert ist als $p = m \times v$. Isaac Newton hat diese äußerst nützliche physikalische Größe 1686 in seinem wichtigsten Buch *Philosophiae Naturalis Principia Mathematica* eingeführt. Dieser Impuls kann nun in einem Stoß von einem Teilchen auf das andere Teilchen übergehen. Dabei wird Energie übertragen. Entscheidend ist, dass die Summe der Bewegungsenergie und die Summe der Impulse aller Teilchen vor dem Stoß und nach dem Stoß gleich sein müssen. Energie und Impuls nennt man daher Erhaltungsgrößen. Für die Energie haben wir darauf oben beim Photoeffekt zurückgegriffen, jetzt wollen wir das auch für den Impuls machen.

Das Problem dabei ist, dass klassische Lichtwellen eigentlich gar keine Masse m haben sollten und damit auch keinen Impuls p, da $p = m \times v$, und mit $m = 0$ haben wir $p = 0 \times v$. Selbst die unfassbar große Lichtgeschwindigkeit von $c = 299\,792\,458$ *Meter pro Sekunde* kann ohne Masse keinen Impuls erzeugen. Der Buchstabe c wird üblicherweise für die Lichtgeschwindigkeit verwendet. Wobei, so groß ist c dann auch wieder nicht. Sie limitiert zum Beispiel die Größe von Computerprozessoren. Die Informationen brauchen ab einer Größe von einigen Zentimetern einfach zu lange, um von einer Seite des Chips auf die andere zu gelangen. Mit den heutigen Taktfrequenzen von einigen Gigahertz verpassen die Bits und Bytes dann einfach ihren Anschluss. Hätte Licht aber doch irgendeine Masse und würde sich obendrein mit Lichtgeschwindigkeit bewegen, würde das der allgemeinen Relativitätstheorie zuwiderlaufen. Sie besagt nämlich, dass die Masse eines Teilchens mit der Geschwindigkeit immer stärker zunimmt und bei Lichtgeschwindigkeit unendlich groß wird. Entsprechend müssten auch der Impuls und die Energie gegen unendlich streben. Oder vereinfacht gesagt: Massen dürfen nicht mit Lichtgeschwindigkeit reisen. Wobei das Bild von der relativistischen Massenzunahme eine etwas laxe Beschreibung aus der Frühzeit der Relativitätstheorie ist. Heute sagt man, dass der Impuls bei $v = c$ unendlich wird und nicht die Masse. Wie auch immer, unendlich ist zu viel. Reisen mit Lichtgeschwindigkeit c ist damit ein exklusives Privileg masseloser Teilchen.

Tatsächlich ist der Impuls eines Photons eine Konsequenz der Relativitätstheorie. Die Kombination aus Quantenphysik und Relativitätstheorie macht aus Licht ein echtes Teilchen. Können Photonen also nun etwas anschubsen, umwerfen oder wegschleudern? Wie kann so etwas sichtbar gemacht werden?

Auf zum mikroskopischen Dosenwerfen! Arthur Compton schoss im Jahr 1922 in seinem Labor in Saint Louis (USA) hochenergetische Röntgenstrahlung auf frei herumfliegende Elektronen. Der Ausdruck Strahlung stammt übrigens von Röntgen selbst, der aber damals von X-Strahlen sprach. Zu seiner Zeit wusste man noch nicht, dass diese Strahlen keine Teilchen sind, sondern sehr energetische elektromagnetische Lichtwellen. Compton sah sich nun an, was mit diesen Röntgenstrahlen, die besser als Röntgenlicht bezeichnet werden sollten, passiert, nachdem sie mit einem Elektron kollidieren, oder wie man in der Physik sagt: gestreut werden. Röntgenlicht besteht aus ebenjenen Photonen, die im Experiment zum Photoeffekt nachgewiesen wurden, nur weisen diese eine wesentlich höhere Energie auf. Anders als beim Photoeffekt wird aber nicht alles Licht absorbiert, sondern es bleiben nach der Kollision mit den Elektronen Röntgenphotonen zurück, jedoch mit weniger Energie. Das bedeutet, dass nur ein Teil der Energie des Röntgenlichtquants auf das Elektron übergegangen sein muss. Im Billardbild wäre das ein Zusammenstoß der weißen Kugel mit einer ruhenden Kugel, bei dem danach beide Kugeln in Bewegung sind. Die weiße Kugel hat einen Teil ihrer Energie an die andere Kugel abgegeben. Was bedeutet es für ein Röntgenlichtquant, wenn es Energie verloren hat? Seine Energie davor war $E = h \times f$. Hat es danach weniger Energie, dann muss die

Frequenz f kleiner werden, da h eine Konstante ist. Und in der Tat beobachtete Compton, dass das gestreute Licht eine kleinere Frequenz hatte. Aber nicht eine willkürlich kleinere Frequenz. Es gab nur eine ganz klar definierte Energiemenge, die übertragen wurde. Compton selbst und unabhängig von ihm der niederländische Physiker Peter Debye veröffentlichten 1923 kurz nach diesen Beobachtungen Artikel, in denen sie zur selben Schlussfolgerung gelangten, wie genau diese Energiemenge zustande kommt. Von den Billardkugeln wusste man schon lange, dass neben der Energieerhaltung die Impulserhaltung ganz genau festlegt, wie die Kugeln kollidieren können. Für den Licht-Elektron-Stoß muss es neben der Energieerhaltung auch eine zweite Einschränkung geben. Es liegt auf der Hand, dass auch hier eine Impulserhaltung ein aussichtsreicher Kandidat wäre. Und in der Tat, wenn man dem Röntgenlicht einen Impuls $p = (h \times f)/c$ (also die Energie $E = h \times f$ geteilt durch die Lichtgeschwindigkeit c) zugesteht, passen die experimentellen Beobachtungen genau zur Theorie von kollidierenden Teilchen. Röntgenlichtquanten, und damit alle Lichtquanten, sind tatsächlich richtige Teilchen mit einem echten Impuls und heißen ab jetzt offiziell Photonen. Und doch sind diese Photonen auch gleichzeitig Wellen. Je nachdem, wie man es im Experiment untersucht, bekommt man eine Wellenantwort oder eine Teilchenantwort. Ist ein Photon gleichzeitig Welle und Teilchen, oder wandelt es sich je nach Experiment zu der einen oder anderen Erscheinungsform hin? Derartige Widersprüche bleiben und werden später in diesem Buch noch eine wichtige Rolle spielen. Trotz der Widersprüchlichkeit wurde das Photonenkonzept nach diesem Experiment nun von der breiten Forschungsgemeinde akzeptiert – bis heute. Ob damit wirklich das letzte Wort gesprochen ist, bleibt allerdings offen. Einstein, der diese Entwicklung 1905 ins Rollen brachte, schrieb 1951 an seinen Jugendfreund Michele Besso: »Die ganzen 50 Jahre bewusster Grübelei haben mich der Antwort der Frage ›Was sind Lichtquanten‹ nicht nähergebracht.«

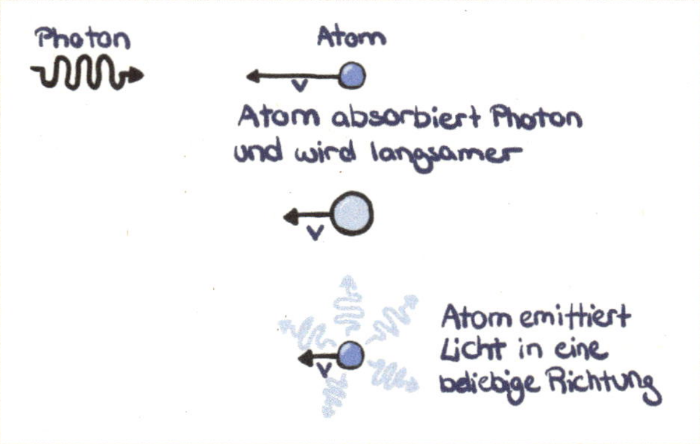

Abbildung 3: Den Photoeffekt kann man als Werkzeug benutzen, um die Bewegung von Gasteilchen zu steuern. Nehmen wir ein Atom, das sich von rechts nach links bewegt. Schicken wir in die entgegengesetzte Richtung ein Photon mit der passenden Wellenlänge, so wird es vom Atom aufgenommen, man sagt absorbiert, und ein Elektron im Atom hüpft auf eine höherenergetische Bahn. Der Impuls des Photons geht dabei auf das Atom über. So wie wenn man auf einem Skateboard dahinrollt und einen von vorne zugeworfenen Medizinball fängt. Dann wird man etwas langsamer. So ist das auch bei dem Atom: Pro Photon ein kleiner Rückstoß. Ein Detail ist noch wichtig. Ein Atom kann typischer-

weise nur ein Photon absorbieren. Bevor das nächste kommt, muss es das Photon wieder loswerden. Das passiert ganz von selbst in einer spontanen Emission, in der das Photon nach kurzer Zeit in eine beliebige Richtung abgestrahlt wird. Dabei wird ein Rückstoß auf das Atom übertragen, ganz so, wie es auch beim Wegwerfen des Medizinballs wäre. Praktischerweise ist die Richtung der Emission beliebig, und somit auch die Richtung des Rückstoßes. Wiederholt man den Prozess sehr oft, mittelt sich dieser Effekt gerade zu null und nur die Stöße von vorne addieren sich auf. Damit kann man ein Atom, das sich bei uns in der Luft typischerweise mit Schallgeschwindigkeit bewegt (also über 1000 km/h, was etwa Mach 1 entspricht), innerhalb weniger Zentimeter zum absoluten Stillstand bringen. Das entspricht der zehntausendfachen Erdbeschleunigung. Diese Lichtkräfte sind erstaunlich stark.

Etwas anders betrachtet ist Bewegung Temperatur. Die Gasteilchen in der Luft bewegen sich bei Raumtemperatur mit ca. 300 m/s bzw. ca. 1000 km/h. Das ist in etwa auch die Schallgeschwindigkeit. Wenn die Teilchen stillstehen und sich gar nicht mehr rühren, haben sie keine Energie, und wir sind am absoluten Nullpunkt bei -273,15° Celsius angelangt. Kälter geht es nicht. Mit der hier beschriebenen Methode der Laserkühlung kommt man unglaublich nah an diesen Nullpunkt heran. Das Beste an diesen niedrigen Temperaturen ist, dass die Quantennatur der Materie viel stärker hervortritt und man sie in aller Ruhe studieren kann. Kurzum, Stockholm war begeistert: Nobelpreis – 1997 für Steven Chu, Claude Cohen-Tannoudji und William D. Phillips.

Teilchen, Teilchen und noch mehr Teilchen

Nachdem die Lichtteilchen nun so viel Aufmerksamkeit bekommen haben, sollen all die vielen anderen Teilchen auch noch ihren Auftritt bekommen, zumindest im Schnelldurchlauf. Bereits seit Mitte des 19. Jahrhunderts hatte sich das Konzept des Elektrons entwickelt und konnte 1897 durch Joseph Thomson nachgewiesen werden. Neben den negativ geladenen Elektronen spürte Ernest Rutherford 1911 in Goldatomen den positiven Atomkern auf. Mit diesen zwei Bauteilen konnte der Aufbau unserer materiellen Welt bereits gut erklärt werden. In der Mitte eines Atoms sitzt ein dicker schwerer Kern, und um diesen kreisen die Elektronen wie die Planeten um die Sonne. Dieses sehr klassische Bild wurde erst einige Zeit später durch Niels Bohr in die Quantenphysik übersetzt. Nachdem die Atome und die Photonen ihren Platz in der Teilchenwelt gefunden hatten, sank in der Forschungsgemeinde die Hemmschwelle, die Existenz weiterer Teilchen zu akzeptieren, selbst wenn sie auf gewöhnungsbedürftigen Konzepten und Beobachtungen basierten.

Ein gutes Beispiel ist die Entdeckung der **Antimaterie**. 1926 schrieb Erwin Schrödinger eine quantenphysikalische Bewegungsgleichung für ein Materieteilchen auf (dazu kommen wir später noch genauer). Jedoch war diese Gleichung nicht mit Einsteins Relativitätstheorie kompatibel, in der Raum und Zeit in einer vierdimensionalen Raumzeit symmetrisch angelegt sind. Dieses Problems nahm sich der Brite Paul Dirac an und fand nur zwei Jahre nach Schrödinger eine Form, die die gewünschte Gleichberechtigung zwischen Raum und Zeit herstellte. Der Preis dafür war, dass aus einer Gleichung nun vier gekoppelte Gleichungen wurden. Vier Gleichungen mit vier Lösungen, und diese Lösungen hatten es in sich. Es tauchten plötzlich Zustände auf, die negative Energie hatten. Zwei Lösungen lieferten Teilchen mit positiver Energie, und zwei mit negativer Energie. Die positiven und negativen Lösungen waren exakt symmetrisch zueinander. Dirac war vorsichtig, diese neuen Lösungen gleich als neue Teilchen zu postulieren, es hätte ja auch ein Artefakt sein können. So wie die Wurzel der Fläche eines Quadrats von 4 m² die möglichen Seitenlängen +2 m und -2 m liefert. Die -2 m sind natürlich unsinnig! Es waren aber dann tatsächlich echte Teilchen, oder besser gesagt Antiteilchen. Für das negativ geladene Elektron gibt es also einen Antipoden, das Positron. Dieses hat genau dieselben Eigenschaften wie ein Elektron, zum Beispiel die gleiche Masse, ist aber nun positiv geladen. Ein Elektron und ein Positron ziehen sich daher an, aber wenn sie sich zu nahekommen, löschen sie sich gegenseitig aus und verpuffen in einem Lichtblitz. Die Masse der beiden Teilchen wird entsprechend der Formel $E = m \times c^2$ in hochenergetische Gammastrahlung umgewandelt. Gammastrahlen sind ebenfalls elektromagnetische Wellen, aber noch um ein Vielfaches stärker als die Röntgenstrahlen. Es kann also keine Antimaterie hier auf der Erde geben, sie würde sofort vernichtet werden. Will man sie nachweisen, muss man sie erst einmal erzeugen und irgendwie von

Paul Dirac (* 8. August 1902 in Bristol; † 20. Oktober 1984 in Tallahassee, Florida). Dirac war einer der Wegbereiter der modernen Quantenphysik. So führte er viele neue mathematische Methoden und auch Notationen ein, die heute Standard sind. Dirac hat die Quantenphysik und die Relativitätstheorie vereinigt, was die Antimaterie aufs Parkett brachte, und gilt als Begründer der Quantenfeldtheorie. Sie wurde von unzähligen Physiker:innen bis zu unserem Standardmodell weiterentwickelt. Dirac wurde von Zeitzeug:innen als ein etwas sonderlicher und sehr zurückhaltender Mensch wahrgenommen. Soziale Events und Small Talk waren sicher nicht seine Stärke. Seine Fähigkeit zum Schweigen brachte ihm ein Bonmot ein. Seine Kollegen in Cambridge erfanden die Einheit »ein Dirac«, die ein Wort pro Stunde umfasst.

uns fernhalten. Dazu geht man den umgekehrten Weg: Man nimmt hochenergetische Gammastrahlung und hofft, dass sich dieses Licht spontan in ein Elektron und ein Positron umwandelt. Diesen Prozess nennt man »spontane Paarerzeugung«. Das Problem ist, dass die benötige Gammastrahlung ungefähr eine Million Mal mehr Energie haben muss als sichtbares Licht. Wo bekommt man so viel Energie her? Aus dem All! Es prasseln ständig hochenergetische Strahlen und Teilchen aus den Weiten des Universums auf uns hernieder. Knallt so ein kosmisches Gamma-Quant auf die Erde, kann es zur

Paarerzeugung kommen. Der Amerikaner Carl Anderson benutzte im Jahr 1932 eine Nebelkammer, in der energetische Teilchen kleine Kondensstreifen erzeugten. Ab und zu konnte er beobachten, dass zwei Streifen gleichzeitig erschienen. Legte man nun auch noch ein starkes Magnetfeld an, wurden die beiden in unterschiedliche Richtungen abgelenkt, sie mussten also unterschiedliche Ladung haben, eben wie ein Elektron und ein Positron. Damit war die Antimaterie im Vergleich zu den Photonenteilchen in rekordverdächtig kurzer Zeit von nur vier Jahren nachgewiesen und akzeptiert.

So wie das Elektron sein Positron hat, hat auch das Proton sein Antiproton und das Neutron sein Antineutron. Zu jedem Teilchen gibt es ein Antiteilchen, das gilt auch für Atome, für Moleküle, für alles. Im Prinzip gibt es für jeden von uns ein Anti-Ich. Man müsste so einen Gegenpart aber mühselig aus den elementaren Antiteilchen zusammensetzen, was ja schon mit den uns geläufigen diesseitigen Teilchen wohl eher mehr als unmöglich ist. Aber im Kernforschungszentrum CERN in der Nähe von Genf kann man zumindest Antiwasserstoff erzeugen und gut isoliert in einer Vakuumkammer speichern. Im CERN steht genügend Energie zur Verfügung, um Positronen und die viel schwereren Anti-Protonen zu erzeugen. Bringt man beide zusammen, kann daraus Antiwasserstoff entstehen. Was will man damit bezwecken? Es ist zum Beispiel rätselhaft, warum es um uns herum nur Materie gibt, aber keine Antimaterie. Woher kommt diese Asymmetrie? Was ist damals beim Urknall wirklich passiert? Eigentlich hätte damals exakt gleich viel Materie und Antimaterie entstehen müssen. Vielleicht ist Antimaterie doch ein ganz klein wenig anders als Materie? Das wiederum kann man sehr gut durch Laserspektroskopie an Antiwasserstoff testen. Vielleicht kreisen die Positronen ein klein wenig anders um das Antiproton, und dann leuchtet alles ein bisschen anders. Und was ist mit der Schwerkraft? Wird Antimaterie von Materie angezogen oder abgestoßen? Seit kurzem wissen wir: Materie und Antimaterie fallen beide nach unten, wenn man sie loslässt. Bislang scheinen die beiden Welten perfekt zueinander symmetrisch beziehungsweise antisymmetrisch zu sein.

Ein Experiment, sie alle zu finden: die Elementarteilchen

Die ursprüngliche Idee war im CERN aber nicht, Antimaterie zu untersuchen, sondern die elementaren Bausteine unserer Welt aufzuspüren. Hierfür benötigte man eine Apparatur, die extrem hohe Energien erzeugen kann, nur so kann man in das Innerste der Materie vordringen. Beginnen wir mit einem Atom. Hier genügt bereits relativ wenig Energie – einige Elektronenvolt (eV) –, um ein gebundenes Elektron am äußeren Rand des Atoms herauszulösen. Diesen Effekt nenn man **Ionisation**. Hat ein Photon oder ein anderes Teilchen diese Energie und kollidiert mit dem Atom, kommt es zu einer Ionisation, und man erhält ein freies Elektron. Zurück bleibt ein positiv geladener Atomkern. Ein Elektronenvolt entspricht der kinetischen Energie eines Elektrons, wenn es die Spannung von einem Volt durchläuft. Am besten kann man sich das am Beispiel eines Plattenkondensators vorstellen, also zwei Metallplatten, die in einem bestimmten Abstand zueinander stehen. Der Abstand selbst spielt keine Rolle. Wichtig ist, dass die eine Platte geerdet ist und die andere ein Potential von einem Volt hat. Startet das Elektron mit der Geschwindigkeit $v = 0$ an der geerdeten Platte, wird es von der anderen Platte angezogen und auf die kinetische Energie von 1 eV beschleunigt. Das entspricht einer Geschwindigkeit von $v = 40 km/s$.

Geht man zu höheren Spannungen – einige tausend Volt kann man im Labor noch gut kontrollieren –, dann kann man auch die innenliegenden und damit stärker gebundenen Elektronen herauslösen. Das ist genau das, was Wilhelm Conrad Röntgen mit seinen Elektronenröhren (heute Röntgenröhren) in Würzburg gemacht hat. Die auf *keV* (Kilo-Elektronenvolt) beschleunigten Elektronen schlugen auf eine Metallplatte auf und lösten in den Metallatomen die inneren viel stärker gebundenen Elektronen heraus. In die entstandenen Lücken rutschten dann die äußeren Elektronen nach und emittierten dabei die charakteristische Röntgenstrahlung. Das passierte bereits in der Vorquantenzeit im Jahr 1895, und die Strahlung trug damals noch den schönen Namen X-Strahlen, der sich noch in den englischen X-rays wiederfindet.

Wenn man noch weiter in das Innere eines Atoms blickt, kommt man zum Atomkern. Die Protonen, die durch die Neutronen zusammengehalten werden, haben viel kleinere Abstände zum Kern als die Elektronen. Daher sind auch die Bindungsenergien entsprechend höher. Will man die Kerne aufknacken, braucht es nochmal mehr Energie. Die liegt nun schon im MeV-Bereich (Mega-Elektronenvolt). Eine Million Volt! Das sind Spannungen, die in Blitzen auftreten. Um sie zu erzeugen, bedarf es einer großen Anlage, eines großen Teams und einer üppigen finanziellen Ausstattung! Etwas, das nur durch die Zusammenarbeit vieler Länder machbar ist. Die Idee für das **CERN** entwickelte sich nach dem Zweiten Weltkrieg. Die Forschungslandschaft in Europa lag am Boden und konnte nur mit großer Anstrengung wiederbelebt werden. Vor allem in der Kern- und Teilchenphysik war Amerika inzwischen weit voraus. Dazu gab es eine Vielzahl von möglichen neuen Elementarteilchen, die entdeckt werden wollten. Im Jahr 1949 stellte Louis de Broglie, den wir im nächsten Kapitel näher kennenlernen, federführend ein Konzept für ein paneuropäisches Kernforschungszentrum vor, das 1954 offiziell gegründet wurde. Es wurde benannt nach dem Gründungskomitee »Conseil **E**uropéen pour la **R**echerche **N**ucléaire«. Die Geschichte des CERN hier im Detail zu betrachten, würde den Rahmen sprengen. Kurz zusammengefasst: Es ist eine einzige Erfolgsgeschichte. Mit der letzten Ausbaustufe, dem Large Hadron Collider (LHC), konnte im Jahr 2012 das letzte fehlende Elementarteilchen, das Higgs-Boson, nachgewiesen werden. Damit waren nunmehr alle 61 Elementarteilchen des sogenannten Standardmodells bekannt. Damit ist das Standardmodell das beste überprüfte physikalische Modell, das wir von unserer Welt haben. Es vereinigt den Elektromagnetismus sowie die beiden Kernkräfte (schwache und starke Wechselwirkung) in einer einzigen Quantentheorie. Nur die Gravitation konnte bislang nicht integriert werden. Löst man diese Gleichungen, erhält man 61 Elementarteilchen, die durch 26 Naturkonstanten bestimmt sind. Die Entwicklung des Standardmodells war eine theoretische Mammutaufgabe, die nach dem Zweiten Weltkrieg begann und im Jahr 1973 im Wesentlichen abgeschlossen war. Es wurden allein 19 Nobelpreise für diese Arbeiten vergeben. Die experimentelle Seite benötigte noch eine viel größere Menge an Forscher:innen, um all diese Teilchen auch nachzuweisen. Es waren zehntausende, man kann kaum abschätzen, wie viele in der Summe daran beteiligt waren. Allein das CERN hat bereits rund 2500 Mitarbeiter:innen vor Ort, um all die Technologie am Laufen zu halten. Man sieht an diesen Zahlen einen Paradigmenwechsel: Früher gab es viel öfter noch solitäre Geistesriesen, die man heute noch kennt und verehrt. Wer aber kennt schon lebende berühmte Physiker:innen? Das liegt daran, dass die Forschungstätigkeit immer mehr zur Teamarbeit wird, sowohl in der Theorie als auch im Experiment. Nur im Team ist es oft noch möglich, die Grenzen des Wissens zu verschieben. Für einen großen Durchbruch, für eine ganz neue Idee in der Physik, braucht es aber dann vielleicht doch wieder diese eine Person, genial und furchtlos, um etwas völlig Neues zu erschaffen.

Materiewellen

Nach diesem Ausflug in die jüngere Vergangenheit der Teilchenphysik wollen wir die Teilchen noch von einem anderen Blickwinkel aus betrachten. Dazu begeben wir uns wieder in die Anfangszeit der Quantenphysik zurück, in die 1920er Jahre.

Wir haben gesehen, dass Wellen Teilchen sein können, so wie die Photonen. Wenn es für Licht keine klare Unterscheidung gibt zwischen Wellen und Teilchen, muss das dann nicht auch für Materie gelten? Können Teilchen nicht auch Wellen sein? Gibt es einen **Welle-Teilchen-Dualismus,** so dass es gar keine zwei Welten mehr gibt, sondern alles ist Welle und alles ist Teilchen gleichzeitig?

Hier kommt der 1892 geborene Louis de Broglie ins Spiel – ein unter den Quantenpionieren etwas ungewöhnlicher Zeitgenosse. Er stammte aus einem alten französischen Adelsgeschlecht, das sich bis ins 12. Jahrhundert zu der piemontesischen Familie Broglia zurückverfolgen lässt, und führte den Titel eines Prinzen. Üblicherweise war die Erziehung in dieser Klasse stark humanistisch geprägt, und wäre alles in althergebrachten adeligen Bahnen gelaufen, hätte de Broglie wohl wenig zur Quantenphysik beitragen können. Jedoch kam er über seinen älteren Bruder Maurice, der ebenso aus der Art schlug

Louis de Broglie (* 15. August 1892 in Dieppe (Normandie); † 19. März 1987 in Louveciennes (Département Yvelines)). De Broglie hat eine für einen Naturwissenschaftler außergewöhnliche Biographie.

Die de Broglies waren eine der wenigen Adelsfamilien, die aufgrund ihrer liberalen Ansichten unbeschadet durch die Französische Revolution kamen. Seine Studien musste de Broglie im Ersten Weltkrieg unterbrechen, den er als Funker auf der Spitze des Eiffelturms verbrachte. Seine große Zeit hatte er zwischen den beiden Weltkriegen, vor allem seine Arbeiten zu Materiewellen erlangten Berühmtheit. Nach dem Zweiten Weltkrieg versuchte er zeit seines Lebens, auf kreative und intelligente Art eine andere Interpretation der Quantenphysik zu finden, an der er sich aber umsonst abarbeitete.

und eine Karriere bei der Marine verfolgte, in Kontakt zu den Naturwissenschaften. Maurice verließ das Militär und unternahm in seinem privaten Labor Experimente zum Photoeffekt und mit Röntgenstrahlen. Dies hatte großen Einfluss auf Louis. Aber es war die Solvay-Konferenz, die 1911 erstmals in Brüssel stattfand, die ihn endgültig zur Physik bekehrte. Diese Veranstaltung war der Auftakt zu der wohl berühmtesten Konferenzserie der Physikgeschichte. Finanziert wurde sie durch den belgischen Großindustriellen und Philanthropen Ernest Solvay. Für dieses erste Treffen unter dem Titel »Theorie der Strahlung und Quanten« kam die Elite der damaligen

Physik für fünf Tage zusammen. Mittendrin war Maurice de Broglie, der als Sekretär fungierte und die Aufgabe hatte, die Ergebnisse der Konferenz zu veröffentlichen. Auf diesem Weg bekam Louis de Broglie 400 Seiten Aufschriebe, Kommentare und Diskussionen vorab in die Hände und war begeistert.

Schon früh verfolgte de Broglie die Arbeiten von Einstein und fragte sich, ob die Formel $E = h \times f$ nur für Photonen gelten sollte oder andersherum gedacht auch für Materie. Könnten Teilchen mit einer Masse m nicht auch ein schwingendes Objekt sein? Etwas, was sich wie eine Welle verhält, obwohl es ein massives, starres Objekt ist? Dann müsste es auch eine Wellenlänge λ (Lambda) haben. So einfach die Idee, so einfach die Formel dazu, aber es brauchte de Broglie, um sie zu finden. Die Wellenlänge soll sein: $\lambda = h/p$. Also Planck'sches Wirkungsquantum geteilt durch den Impuls. Der Impuls $p = m \times v$ ist jetzt wirklich eine Masse m, die sich mit der Geschwindigkeit v bewegt. Im Nachhinein erscheint diese Formel Physiker:innen recht naheliegend, und doch war sie revolutionär. So etwas muss man sich erstmal denken können. Ein Partikel hat von jetzt an eine Wellenlänge. Die Dinge, die uns umgeben, sind eigentlich Wellen! Plötzlich sind Teilchen wabernd und schwingend im Raum verteilt. Ein einzelner Punkt kann in unserer klassischen Welt keine Welle sein. Wasserwellen, Schallwellen, Stauwellen, alle bestehen aus vielen Teilchen, die zusammen eine Welle ergeben. Wenn aber alles Welle ist, auch einzelne Dinge, warum wogt dann mein Handy nicht davon, wieso sehe ich nichts von diesen Wellen? Wenn diese Materiewellen richtige Welle sein wollen, dann sollen sie auch wellenartige Effekte produzieren, wie zum Beispiel: um Hindernisse herumlaufen, an mehreren Orten gleichzeitig sein oder Interferenzmuster bilden.

Wellen können mehr

Die Fähigkeit zur Interferenz, also die Überlagerung von Wellen, ist eine der elementarsten Welleneigenschaften. Treffen sich zwei Wellenberge, kein Witz, so klettert der eine Wellenberg auf den anderen und erreicht die doppelte Höhe (konstruktive Interferenz). Treffen sich ein Wellenberg und ein Wellental, dann gleichen sich die beiden aus, und der Wasserpegel ändert sich nicht, so als ob überhaupt keine Welle da wäre (destruktive Interferenz). Am besten kann man dieses Phänomen mit dem berühmten Doppelspaltexperiment visualisieren. Wenn eine Welle auf ein Hindernis mit zwei Spalten trifft, dann läuft die Welle gleichzeitig durch Spalt 1 und Spalt 2. Hinter jedem Spalt entstehen je zwei Kreiswellen, die sich dann überlappen. In diesem Überlappungsbereich gibt es dann alle möglichen Überlagerungen, die zu einem regelmäßigen Interferenzmuster führen. Man kann solche Muster auch zu Hause beobachten. Dafür benötigt man einen Laserpointer und etwas, das den Laserstrahl in zwei oder mehrere Strahlen aufteilt, die sich dann überlagern und interferieren können. Sehr gut geht das etwa mit einem feinen Küchensieb aus Drahtgeflecht. Wenn man mit dem Laserpointer durch das Sieb hindurchleuchtet, entsteht in circa ein bis zwei Metern Entfernung an der Wand ein großes Kreuz. Betrachtet man die Linien des Kreuzes genauer, dann erkennt man eine Abfolge von leuchtenden Punkten. Wo es hell ist, interferieren die vielen Teilstrahlen konstruktiv, und an den dunklen Stellen dazwischen interferieren sie destruktiv. Wer ein echtes Doppelspalt-Experiment realisieren will, kann mit einem Skalpell zwei Schlitze in eine Alufolie schneiden. Die Spalte sollten schmaler als 1 mm sein und ungefähr die doppelte Spaltbreite als Abstand haben.

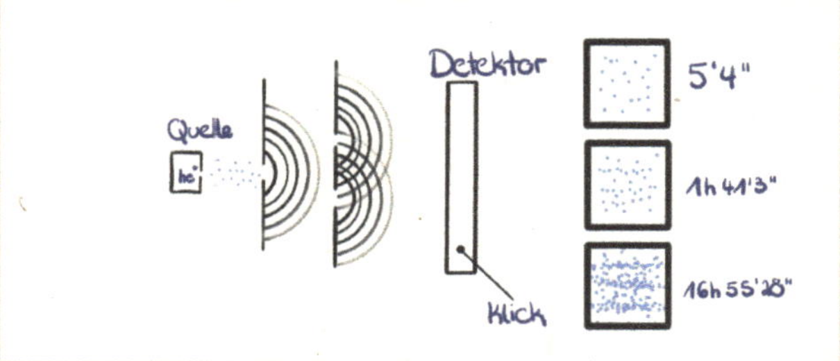

Abbildung 4: Wenn eine Wasserwelle mit gerader Wellenfront auf einen Doppelspalt trifft, entstehen dahinter zwei Kreiswellen. Solch eine Kreiswelle ist bereits ein echtes Wellenphänomen, da sie aus dem Spalt quasi um die Ecke läuft, was man als Beugung bezeichnet. Ein Strom klassisch verstandener Teilchen, der senkrecht auf eine Wand mit zwei Löchern trifft, müsste dahinter in zwei dünne Teilchenstrahlen getrennt schnurgerade weiterfliegen. Die zwei Kreiswellen können aber nun überlappen und interferieren. Die Bereiche konstruktiver und destruktiver Interferenz sind erstaunlicherweise raumfest, auch wenn die Wellen stetig voranrollen. Wenn man als Schwimmer:in im Bereich der destruktiven Interferenz im Wasser ist, bewegt sich das Wasser nicht. Aber etwas daneben, im Bereich der konstruktiven Interferenz, sind die Wellen doppelt so hoch. Für Materiewellen sollte genau dasselbe gelten, und es passiert genau dasselbe. Wenn man Atome auf einen Doppelspalt schießt und die Wellenpakete größer sind als der Abstand der zwei Löcher, kommt es dahinter genau zu demselben Interferenzphänomen. Dieses Experiment wurde 1995 von Tilman Pfau,

Christian Kurtsiefer und Jürgen Mlynek in Konstanz durchgeführt. Dabei wurden Heliumatome auf einen winzigen Doppelspalt gerichtet und die räumliche Verteilung des Interferenzmusters mit einem speziellen Detektor aufgenommen. Es ist aber etwas komplizierter als bei den Wasserwellen. Der Strom der Atome war so ausgedünnt, dass immer nur ein Atom, also ein Wellenpaket nach dem anderen den Doppelspalt passierte. Man sieht nach fünf Minuten und vier Sekunden zunächst nur ein paar detektierte Atome, die zufällig verteilt aussehen. Erst nach über 16 Stunden erkennt man ein Interferenzmuster. Das kann es aber nur geben, wenn zwei Wellen sich überlagern. Dabei sind nur einzelne Atome durch die Spalte geflogen. Das bedeutet, dass jedes Atom gleichzeitig durch beide Löcher hindurchgeflogen sein muss. Es war also hier und dort gleichzeitig. Ein klassisch verstandenes Teilchen kann so etwas nicht. Wir können nicht durch zwei Türen gleichzeitig hindurchgehen. Also muss es etwas anderes sein, was durch die beiden Spalte hindurchgeflogen ist. Es handelt sich um ein mathematisches Objekt, das als Wellenfunktion bezeichnet wird. Diese beschreibt die räumliche Ausdehnung des quantenphysikalischen Objekts und ihre Welleneigenschaften. Sie wird zum Beispiel mit der Schrödingergleichung berechnet, die uns im Folgenden noch öfter begegnen wird. Die Lösungen verwenden komplexe Zahlen, die aus Real- und Imaginärteil bestehen. Einen Imaginärteil kennt unsere reale Welt nicht und er muss erst einmal entfernt werden. Das Ergebnis ist eine reale Wahrscheinlichkeit, wo ein Teilchen zu finden ist. Der Preis dieser Rechnung ist ein Verlust des Imaginärteils. Aber nicht ganz, in den Interferenzeffekten steckt doch noch Information über den Imaginärteil, was dann Rückschlüsse auf das vollständige Quantenobjekt zulässt. Das Atom im Experiment bleibt bei diesem mathematischen Prozedere mit geteilten Wellenfunktionen trotzdem immer ganz. Es gibt kein halbes Atom links und ein halbes Atom rechts. Solche Launen der Quantenphysik sind schwer zu begreifen.

Wenn Materie auch Welle ist, müsste man im Prinzip mit jedem materiellen Objekt einen Doppelspaltversuch durchführen können. Nehmen wir als Beispiel wieder eine Billardkugel. Wir wissen, dass Billardkugeln nicht in zwei Taschen gleichzeitig rollen können. Aber warum nicht? Tragen wir einmal einige Zahlen zusammen: Eine Billardkugel wiegt 170 g und soll mit einer Geschwindigkeit von einem Meter pro Sekunde über den Tisch rollen. Damit können wir den Impuls $m \times v$ berechnen. In diesem Fall ist das $p = 0{,}17\ kg \times m/s$. Für die quantenphysikalische Materiewellenlänge müssen wir nach de Broglie $\lambda = h/p$ berechnen. Das Planck'sche Wirkungsquantum h ist wiederum sehr klein, und damit wird auch die Wellenlänge extrem klein. In unserem Fall wird λ kleiner als ein Atom, ja sogar viel kleiner als der Atomkern, eigentlich so klein, dass wir gar nicht mehr darüber reden müssten. Der passende Doppelspalt müsste also unendlich mal viel kleiner sein als die Kugeln groß sind. Die Billardkugel ist aber immer noch eine klassische Kugel, wenn auch mit einem winzigen Wellenflaum rundherum. Was kann man machen? Der Impuls p ist proportional zur Geschwindigkeit v. Wenn die Billardkugel ruht, also $v = 0$ wird, müsste die de-Broglie-Wellenlänge explodieren. Das geschieht aber offensichtlich nicht. Der Grund liegt in der Temperatur der Kugel, die durch die Bewegung der Atome in der Kugel zustande kommt. Je größer die Temperatur, desto heftiger schwingen und vibrieren die Atome. Der Quantenflaum wird also auch unendlich klein. Man müsste also die Kugel zum Stillstand bringen und sie so weit abkühlen, dass auch ihre Atome zur Ruhe kommen. Dafür müsste man die gegenwärtigen Kälterekorde jedoch um ein Vielfaches unterbieten. Die andere Größe in der de-Broglie-Gleichung, die man sich zunutze machen kann, ist die Masse. Wählt man hier etwas sehr Leichtes, dann schießt die de-Broglie-Wellenlänge in die Höhe. Ein Atom ist ein guter Kandidat, vor allem ein sehr kaltes Atom. In einem berühmten Experiment an der Universität Konstanz aus dem Jahr 1995 verwendeten die Forscher das sehr leichte Atom Helium und sortierten durch geschicktes Filtern die kältesten Atome heraus (siehe den zugehörigen Infokasten). Damit erzielt man eine de-Broglie-Wellenlänge von einigen Tausendstel Millimetern, riesig im Vergleich zum klassischen Atomdurchmesser und damit groß genug, um sie durch einen winzigen menschengemachten Doppelspalt zu schicken. Das Ergebnis dieses Experiments ist in Abbildung 4 zu sehen. Man beobachtet wirklich, dass die Heliumatome wellenartig verschmiert sind und von dem Doppelspalt in zwei interferierende Wellen aufgeteilt werden. Will man aber mit einem Detektor nachsehen, wo dieses Teilchen (oder diese Welle) sich befindet, dann ist es plötzlich wieder ganz genau an einem Ort. Dieses Phänomen bezeichnet man als den Kollaps der Wellenfunktion. Im nächsten Kapitel werden wir hierzu noch mehr erfahren.

Dass Materiewellen Beugungsphänomene aufweisen, wurde tatsächlich schon im Jahr 1927 von George Thomson im englischen Aberdeen beobachtet. Und zwar mit eben den Elektronen, die sein Vater Joseph Thomson (wir erinnern uns) 30 Jahre zuvor entdeckt hatte. In diesem historischen Experiment lenkte er einen Elektronenstrahl auf eine sehr dünne Goldfolie, weniger als einen Millionstel Millimeter dick. Dünner als Blattgold, aber immer noch einige hundert Atomlagen dick. Gold ist ein Metall, und wie in allen Metallen arrangieren sich die Atome zu einer kristallinen Struktur. An den Kernen ist kein Vorbeikommen, aber in den Zwischenräumen ist Platz. Es ist also eine periodische Struktur von vielen Löchern und einem dicken Kern in der Mitte, in der ein Strahl in viele Teilwellen aufgeteilt wird, die dann interferieren.

Es ist schwierig, Materiewellen kontrolliert zur Interferenz zu bringen, je größer die Masse wird. Gibt es ein Limit, an dem die Quantenwelt zu makroskopisch und damit auch wieder klassisch wird? Diese Frage stellen sich viele Forscher:innen heute. Mit modernsten Apparaturen ist es inzwischen möglich, Biomoleküle, bestehend aus tausenden von Atomen, zur Interferenz zu bringen. Treibt man das noch weiter, können irgendwann Gravitationseffekte eine Rolle spielen. Damit hofft man, Einblicke in die wahre Natur der Gravitation zu erhalten: Gehorcht sie den Gesetzen der Quantenphysik oder steckt noch etwas ganz anderes dahinter? Eine der ganz großen Fragen.

Physik ist anders als Mathematik

Die elementaren Komponenten der Physik sind die Experimente, die theoretische Modellierung, das Erarbeiten eines Konsenses und der Umgang mit Widersprüchen. Vor allem Letzteres unterscheidet die Physik von der rein logischen Struktur der Mathematik. In der Mathematik beginnt man üblicherweise mit einigen Definitionen und Axiomen. Axiome sind grundlegende Aussagen, die nicht bewiesen werden können, also a priori gültig sind. Damit kann man zum Beispiel die Menge der natürlichen Zahlen und die Grundrechenarten generieren. Basierend auf den Definitionen und Axiomen kann man nun Aussagen formulieren. Diese Aussagen lassen sich durch logische Operationen eindeutig als wahr oder falsch beweisen. Zum Beispiel kann man beweisen, dass es in der Menge der natürlichen Zahlen unendlich viele Primzahlen geben muss. Frei nach Platon beschäftigt sich die Mathematik mit Ideen und Konzepten, die kein Gegenstück in der realen Welt haben. Damit ist der Wahrheitsbegriff der Mathematik ein grundlegend anderer als derjenige der Physik, die sich sehr wohl mit konkreten Eigenschaften dieser Welt auseinandersetzen muss. Es ist unmöglich, für die reale Welt Aussagen zu treffen, die eindeutig wahr oder falsch sind. Die Physik verwendet aber die Methoden der Mathematik, um eine möglichst gute Beschreibung der Welt zu erreichen. Sie benutzt wie die Mathematik Definitionen und Axiome, um Aussagen treffen zu können. Definitionen sind zum Beispiel physikalische Größen wie Masse, Geschwindigkeit und Impuls. Aber anders als in der Mathematik sind die Axiome eben nicht unabänderlich. Ein Axiom der Physik besagte etwa, dass sich alles in einem dreidimensionalen Raum abspielt, in dem alle drei Achsen exakte Geraden sind. Mit der Entdeckung der allgemeinen Relativitätstheorie stellte man jedoch fest, dass Raum und Zeit nicht voneinander unabhängig sind und es eine Raumzeit gibt, die sogar gekrümmt sein kann. Damit musste die alte Geometrie einer nichteuklidischen Geometrie weichen. So war es auch in der Quantenphysik, und es musste ein neues Axiomensystem entwickelt werden, das zu den Beobachtungen der Quantenphysik passte. Tatsächlich gibt es aber nicht das eine, allein gültige Axiomensystem. Um herauszufinden, was der Realität unserer Welt am nächsten kommt, muss man basierend auf dem jeweiligen Axiomensystem Aussagen treffen, die sich in einem Experiment überprüfen lassen. Damit dabei Erkenntnisse und letztendlich Wissen generiert werden können, sind stringente Regeln anzuwenden, die Anfang des 20. Jahrhunderts vom sogenannten Wiener Kreis herausgearbeitet wurden und von dem Philosophen Karl Popper im Rahmen des Positivismus ausformuliert wurden. Bevor wir aber zu sehr ins Philosophische mit all seinen Kontroversen abgleiten, sehen wir uns die wichtigste Regel an, die dabei herauskam und die im Kern bis heute gültig ist: Die Aussagen einer Theorie müssen so formuliert sein, dass sie in einem Experiment falsifizierbar sind. Oder einfacher gesagt, findet man ein Gegenbeispiel, ist die Theorie ungültig, egal wie oft sie zuvor richtige Ergebnisse lieferte. Physiker:innen in der Grundlagenforschung suchen daher in ihren Experimenten immer nach einem Effekt, der die gängige Theorie widerlegt. Nun sind Experimente keine mathematischen Beweise. Sie finden in der ›echten‹ Welt statt, und die Forscher:innen müssen sich mit der Komplexität von Messgeräten, die aus Myriaden von Atomen bestehen, Störeffekten und Querschlägern herumschlagen, die ihren Ursprung in bislang unbekannten physikalischen Zusammenhängen haben können. Es ist also durchaus schwierig, die Ergebnisse eines Experiments zu interpretieren. Oft ist es so, dass die Messungen keinen Sinn ergeben und ein Konsens mühselig erarbeitet werden muss. Diese Mühsal der Wahrheitssuche brachte Niels Bohr auf den Punkt: »Morgen werden die Dinge viel besser stehen, denn heute verstehe ich wirklich gar nichts mehr.«

Die Kopenhagener Deutung

Mitte der 1920er Jahre konkurrierten mehrere mathematische Formalismen, die 1926 durch die Arbeit von Pascual Jordan und Paul Dirac als mathematisch völlig gleichwertig erkannt wurden. Am Ende setzte sich von den verschiedenen Ansätzen vor allem die Wellenmechanik von Erwin Schrödinger durch. Damit lässt sich die Quantenwelt sehr kompakt beschreiben. Die **Schrödingergleichung** $H\psi = E\psi$ benötigt nur den *Hamiltonoperator* H, der die kinetische Energie und die potentielle Energie enthält, und die Wellenfunktion ψ (psi), und schon bekommt man alle quantisierten Energien E heraus. Physiker:innen neigen zu Abkürzungen, und wenn man diese kleine Gleichung ausschreibt und dann auch noch lösen will, sind schnell ein paar Seiten mit Rechnungen gefüllt. Genau genommen ist die Schrödingergleichung eine Weiterentwicklung von de Broglies Welle-Teilchen-Dualismus, indem nun auch dynamische Prozesse in Atomen, Molekülen, Festkörpern und vielem mehr präzise berechnet werden können. Damit konnten vor allem in der Atomphysik in der rekordverdächtig kurzen Zeit von nur zwei Jahren eine Vielzahl von offenen Fragen beantwortet werden. Einen großen Anteil daran hatten Werner Heisenberg und Niels Bohr, die das berühmte

Niels Bohr (* 7. Oktober 1885 in Kopenhagen; † 18. November 1962 ebenda). Ohne Niels Bohr wäre die Geschichte der Quantenphysik völlig anders verlaufen. Das hätte durchaus passieren können, da er als leidenschaftlicher Fußballer auch andere Karrierewege im Blick hatte. Er studierte in Kopenhagen Physik, Mathematik, Chemie, Astronomie und Philosophie und forschte als junger Mann in Cambridge und Manchester bei den Physiknobelpreisträgern Joseph Thomson und Ernest Rutherford. Selbst erhielt er den Nobelpreis 1922 für sein Atommodell. Er beschäftigte sich in späteren Jahren auch intensiv mit den Atomkernen und übertrug diese Leidenschaft auf seinen Sohn Aage, der auf dem Gebiet der Kernphysik 1975 ebenfalls einen Nobelpreis erhielt.

Bohr'sche Atommodell um detaillierte quantenphysikalische Berechnungen ergänzen konnten. Man kann die Quantenwelt erstaunlich gut mit überschaubar langen Formeln beschreiben, und experimentelle Untersuchungen zeigten exzellente Übereinstimmungen zwischen Theorie und Experiment. Wie aber diese Ergebnisse zu interpretieren sind, war eine ganz andere Frage, die in diesen Jahren sehr kontrovers diskutiert wurde.

Es benötigte nur den Sommer 1927, als Werner Heisenberg bei Niels Bohr in Kopenhagen zu Gast war und die beiden einen in sich schlüssigen Konsens herbeidiskutierten, wie man die Quantenphysik interpretieren könne, daher der Name Ko-

Werner Heisenberg (* 5. Dezember 1901 in Würzburg; † 1. Februar 1976 in München). Heisenberg entstammte einer überaus gelehrten Familie und wurde erst ein Jahr nach Plancks wegweisendem Vortrag über die Quanten geboren. Trotz des etwas späten Starts wurde er zu einem der wichtigsten Protagonisten der noch jungen Quantenphysik. Er schickte sich ordentlich, absolvierte sein Physikstudium in München innerhalb von drei Jahren und hatte 1923, nur ein Jahr später, auch schon seine Promotion fertiggestellt. In der anschließenden Prüfung wäre dieser Höhenflug beinahe zu einem jähen Ende gekommen, als Wilhelm Wien ihm in der Experimentalphysik zu Recht eine »bodenlose Ignoranz« attestierte. Heisenberg bestand die Prüfung gerade so und machte sich nach einem Zwischenaufenthalt in Göttingen auf den Weg zu Niels Bohr, um mit ihm die heute kanonische Kopenhagener Deutung der Quantenphysik herauszuarbeiten. Ruhm und Ehre wurden ihm zuteil, und mit jungen 25 Jahren wurde er von der Universität Leipzig auf eine Professur in theoretischer Physik berufen. Da war der Nobelpreis mit 31 Jahren auch nicht mehr überraschend.

penhagener Deutung. Sie beansprucht nicht, die einzig mögliche Erklärung zu sein, es gibt viele andere Ansätze, sie ist aber bis heute sozusagen der Goldstandard. Der Weg zur Kopenhagener Deutung, und was sich alles an ihr kritisieren lässt, sind am besten durch die Bohr-Einstein-Debatte auf den Punkt gebracht, die für sich schon 100 Seiten verdient hätte.

Bevor man sich mit erkenntnistheoretischen Fragen und Antworten herumschlägt, muss man sich auf ein Vokabular einigen, dass die Objekte präzise beschreibt. Der gangbarste Weg ist, einfach die Begriffe der klassischen Physik beizubehalten. Wir werden also immer noch von einem Ort, von einer Zeit, einer Geschwindigkeit und dergleichen reden. Das ergibt durchaus Sinn, da die Ergebnisse eines quantenphysikalischen Experiments mit klassischen Messvorrichtungen ermittelt werden, die am Ende wiederum klassische Werte ausspucken. Es wird aber Bedingungen für die physikalischen Größen geben müssen, um der Natur der Quantenphysik gerecht zu werden.

Die Quantenphysik wird geordnet

Die Grundlage für die Beschreibung quantenphysikalischer Zustände legte Max Born, indem er die Materiewellen von de Broglie mit Wahrscheinlichkeiten gleichsetzte. Ein Wellenpaket ist im Raum verteilt, und man kann nicht mit Bestimmtheit sagen, wo das Teilchen sich befindet. Es kann mit einer Wahrscheinlichkeit mal hier in der Welle gefunden werden oder mal dort. Daher wird ein Zustand durch eine Wellenfunktion ψ beschrieben, die eine Funktion von dem Ort x und von der Zeit ist. Die Zeit lassen wir zunächst einmal außen vor. Die Funktion $\psi(x)$ beschreibt eine Welle, die eine Amplitude und eine bestimmte Phasenlage hat, und damit, wie hoch der Wellenberg ist und wo dieser sich gerade befindet. Diese beiden Größen lassen sich am besten mit komplexwertigen Funktionen beschreiben. Um diese Funktionen zu berechnen, muss man nur die Schrödingergleichung $H\psi = E\psi$ lösen. Uns soll hier aber nur das Quadrat der Wellenfunktion interessieren, die als eine Wahrscheinlichkeitsverteilung $p(x) = |\psi(x)|^2$ interpretiert wird. Das Teilchen wird bei einer Messung am Ort x mit der Wahrscheinlichkeit $p(x)$ gefunden. Berechnet man die Summe der Wahrscheinlichkeiten über alle möglichen Orte hinweg, bekommt man 1 heraus. Das bedeutet, dass man mit einer Wahrscheinlichkeit von 100 % das Teilchen irgendwo findet, wenn man überall im Universum nachsieht.

Was passiert, wenn man nun ein Wellenpaket in eine Apparatur steckt, die den Ort des Teilchens ganz genau misst? Die Detektorfläche soll dabei viel kleiner sein als die Ausdehnung des Wellenpakets. Solch ein Wellenpaket mit einer bestimmten Form lässt sich leicht auf Abruf im Labor herstellen. Dieses Wellenpaket schickt man dann auf einen Teilchendetektor wie in Abb. 4 gezeigt. Ganz praktisch kann man das zum Beispiel mit einem Geigerzähler realisieren. Dessen Aufgabe ist es eigentlich, radioaktive Strahlung zu detektieren, aber im Prinzip kann er jedes Teilchen detektieren, das mit genügend Geschwindigkeit hineinfliegt. Im Inneren des Zählers befinden sich ein gasgefülltes Rohr und Elektroden, an die eine hohe Spannung angelegt wird. Das energetische Teilchen kollidiert im Inneren mit den Gasteilchen und ionisiert diese. Die nun geladenen Teilchen werden von den elektrischen Feldern stark beschleunigt und haben dann wiederum schnell genügend Energie, um weitere Gasteilchen zu ionisieren und so weiter. Die Anzahl der Ionen nimmt lawinenartig zu. Sie prasseln auf die Elektroden ein und erzeugen einen recht großen Strom. Der kann dann ganz klassisch gemessen werden. Da das alles sehr schnell geht, gibt es nur einen kurzen Puls, den man elektronisch als ein Ereignis abspeichert (ein Teilchen wurde detektiert) und, wenn man will, auch als Klickgeräusch ausgeben kann. Somit wird aus einem Objekt, das eben noch quantenphysikalische Eigenschaften hatte, ein klassischer »Klick«.

Was kann man von diesem Experiment lernen? Die Beschreibung des Zustandes eines einzelnen Teilchens durch Wahrscheinlichkeiten scheint korrekt zu sein. Für jeden Detektor können wir akkurat berechnen, wie oft wir einen Klick erwarten können, wenn man das Experiment zum Beispiel eintausendmal wiederholt. Aber wir wissen nicht, welcher Detektor klicken wird, wenn man ein einzelnes Teilchen losschickt. Wir wissen nur, dass es in der Mitte wahrscheinlicher ist als am Rand. Es ist völlig zufällig, wo es klicken wird. Es gibt keine Möglichkeit, es vorherzusagen. Das Teilchen ›entscheidet‹ sich einfach so, im Detektor *x* zu landen.

Diese Zufälligkeit steht im krassen Widerspruch zur klassischen Physik. In der Zeit vor der Quantenphysik ist das Schicksal eines Teilchens durch die Newton'schen Bewegungsgleichungen vorherbestimmt, sofern man die Anfangsparameter genau weiß. Wo befindet sich das Teilchen ganz genau, und welche Geschwindigkeit hat es. Mehr braucht es nicht. Es wird nichts dem Zufall überlassen. Andererseits gibt es in der klassischen Welt durchaus zufällige, oder besser gesagt, chaotische Prozesse, man denke nur an die Ziehung der Lottozahlen. Die sind zufällig, aber aus einem anderen Grund. Würde man alle Anfangsparameter wissen, nicht nur von jeder Kugel, sondern von jedem einzelnen Atom, das sich in der Anlage befindet, ja dann ist die Zukunft wieder eindeutig, man könnte es exakt ausrechnen. Oder eben auch nicht. Das Problem ist, dass die Lösungen der Gleichungen chaotisch werden. Eine winzigste

Abweichung der Anfangsparameter führt mit der Zeit zu immer größeren Abweichungen, und man braucht immer mehr Rechenleistung, um diese immer kleineren Abweichungen einzubeziehen. Schon bei drei Teilchen geht dieser Ärger los, schön nachzulesen in dem Science-Fiction-Roman *Die drei Sonnen* von Cixin Liu (2006; auf Deutsch 2016). Das Ergebnis der Ziehung der Lottozahlen hängt empfindlich von den Anfangsbedingungen ab. Liegt eine Kugel am Anfang nur einen Bruchteil eines Millimeters weiter links, dann kann aus den sechs Richtigen eine Nullnummer werden. Die Verschiebung der Kugel verursacht einen anderen Ausgang. Es gibt hier einen kausalen Zusammenhang, der eine Verbindung zwischen einer Ursache und einer Wirkung herstellt. In der Quantenwelt ist es genauso und doch etwas anders. Auch die Schrödingergleichung lässt sich eindeutig lösen, ihre Zukunft ist exakt vorherbestimmt und nimmt sich in dieser Hinsicht nichts mit den Bewegungsgleichungen von Newton. Aber in der klassischen Mechanik können wir exakt sagen, wo das Teilchen startet und wie es sich gerade bewegt. In der Quantenphysik haben wir es mit der sogenannten Unschärferelation zu tun, über die wir gleich noch mehr erfahren, und können eben nicht exakt sagen, was die Anfangsbedingungen sind. Aber wir können die Anfangswellenfunktion festlegen und exakt berechnen, wie sie sich entwickeln wird. Das Ergebnis ist eine anders geformte Wellenfunktion, die genau vorhersagt, mit welcher Wahrscheinlichkeit man nun ein Teilchen an einem bestimmten Ort x finden kann. Verwendet man viele Detektoren, dann klickt es wahrscheinlicher an dem einen und kaum an einem anderen. Was aber gibt den Anstoß für das Teilchen, genau an diesem Detektor zu erscheinen und einen Klick auszulösen und woanders nicht? Es gibt keine Ursache, keine weitere Ebe-

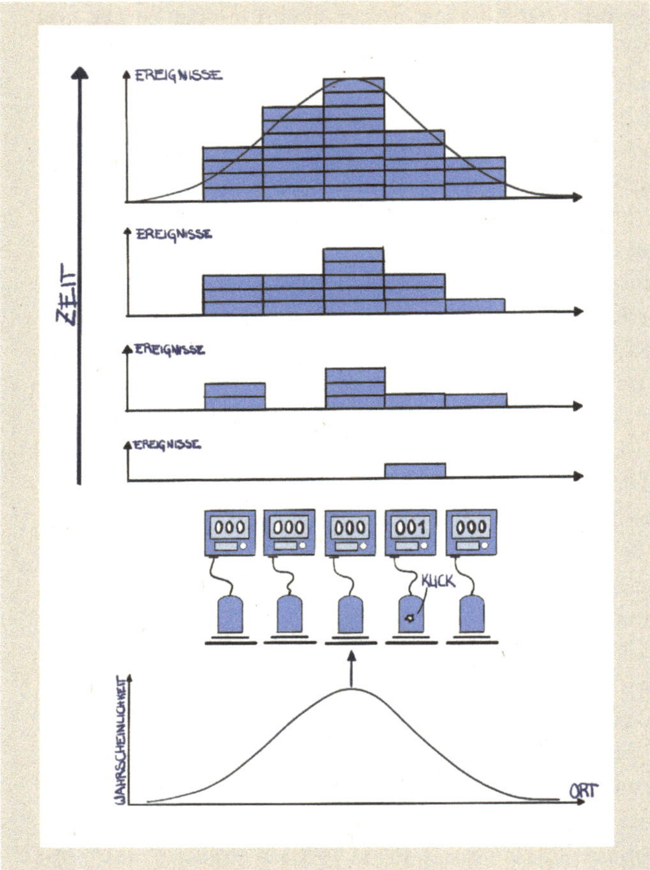

ne hinter der Quantenphysik, die das festlegt. Es passiert irgendwie von selbst. Eine Wirkung ohne Ursache. Dies hat Einstein zu seinem berühmten Zitat gebracht: »Gott würfelt nicht.« Man muss ihm recht geben, es ist schwer einzusehen,

Abbildung 5: Quantenphysikalischer Messprozess: Ein Teilchen wird als ausgedehntes Wellenpaket präpariert. Die Wahrscheinlichkeit, dass das Teilchen an einem Ort zu finden ist, ist durch die Wahrscheinlichkeitsverteilung *p(x)* gegeben. Dieses Wellenpaket wird nun auf ein Array von fünf Teilchendetektoren gelenkt. Die Funktion *p(x)* gibt nun an, mit welcher Wahrscheinlichkeit das Teilchen in einem Detektor zu einem Klick oder Zählereignis führt. In der Mitte passiert das öfter als bei den äußeren Rändern, da die Wahrscheinlichkeitsverteilung in der Mitte den höchsten Wert hat. Pro Teilchen kann es aber nur einmal klick machen. Nur die Wahrscheinlichkeit, wo ein Teilchen ist, kann sich aufteilen, physikalisch ist es aber immer noch *ein* Teilchen. Führt man das Experiment einmal mit einem Teilchen durch, hat zum Beispiel der vierte Detektor ausgeschlagen. Man weiß jetzt, dass das Teilchen zur Messung sich genau an dem Ort des vierten Detektors befand. Über den ursprünglichen Zustand weiß man nichts. Um eine Ahnung zu bekommen, wie das Wellenpaket zuvor aussah, muss man das Experiment viele Male wiederholen. Jedes Ereignis wird dann für jeden Detektor notiert und aufaddiert, bis sich eine Verteilung ergibt, die der ursprünglichen Wellenfunktion recht nahekommt. Für unendlich viele Messungen mit unendlich vielen kleinen Detektoren bekommt man am Ende exakt die Anfangsverteilung *p(x)* heraus.

dass in unserer Welt etwas ganz von alleine ohne jeglichen Anstoß passiert. Niels Bohr hatte aber eine gute Antwort auf Einstein parat: »Aber es kann doch nicht unsere Aufgabe sein, Gott vorzuschreiben, wie er die Welt regieren soll.« Einstein und viele seiner Kollegen haderten mit dieser Leerstelle eines verursachenden Prinzips und schlossen daraus, dass die Quantenphysik, wie sie zu dem Zeitpunkt ausformuliert war, nicht vollständig sein könne. Das kann so noch nicht das letzte Wort sein? Rund einhundert Jahre später ist es aber immer noch so. Nach unserem Wissen gibt es keine Erweiterungen zur Quantenphysik, sie ist heute immer noch so wie damals. Wer auch immer im Hintergrund würfelt, damals wie heute, die Zufälligkeit der Quantenphysik ist absolut, und man kann Quantensysteme benutzen, um perfekte Zufallszahlen zu generieren, die zum Beispiel in der Kryptographie gefragt sind.

Wo verläuft die Grenze zwischen der klassischen Welt und der Quantenwelt?

Es gibt noch einen zweiten Aspekt in diesem Experiment, der bei näherer Betrachtung recht sonderbar anmutet. Am Anfang wurde das Wellenpaket so präpariert, dass es sich über viele Detektoren ausdehnt. Während das Wellenpaket Richtung Detektor fliegt, wird es wohl seine Form mehr oder weniger beibehalten. Jetzt dringt das Wellenpaket in die Detektoren ein, in alle gleichzeitig, wie wir es beim Doppelspalt gesehen haben. Dann macht aber ein Detektor, und zwar exakt nur einer, plötzlich klick. In diesem Moment wissen wir genau, wo das Teilchen ist, zu 100 %. Das Wellenpaket kann jetzt nicht mehr über mehrere Detektoren ausgedehnt sein, es muss in dem Moment, wo es klick gemacht hat, wenigstens auf die Größe dieses einen Detektors geschrumpft sein. Das ist tatsächlich so, und man spricht von einem **Kollaps der Wellenfunktion**. Dieser Kollaps ist eher ein Hilfskonzept, das den durchaus komplexen Prozess beschreibt, wenn ein quantenphysikalisches Teilchen mit einer klassischen Messapparatur zusammentrifft und dieses am Ende einen klassischen Klick produziert. Was passiert da genau im Inneren, wo und wie findet die Umwandlung statt? Das mathematisch zu formulieren ist sehr schwierig. Vielleicht kann man es sich bildlich so vorstellen, dass die quantenphysikalischen Eigenschaften des einfallenden Teilchens sich mit den Myriaden an ebenfalls quantenphysikalischen Teilchen des Detektors vermischen und die Summe all dieser quantenphysikalischen Vermischungen uns als klassischer Klick erscheint. Gibt es eine Grenze zwischen der Quantenwelt und der klassischen Welt? Wie ist der Übergang zwischen den Welten? Ein Atom ist quantenphysikalisch, zwei Atome in einem Molekül sind es auch, auch drei oder vier. Aber einige tausend Atome? Das entspräche der Anzahl von Atomen in einem roten Blutkörperchen. Das Hämoglobin ist im Inneren quantenphysikalisch, aber es sind auch sehr viele Atome, und das Zusammenspiel all dieser Teilchen gaukelt uns die klassische Welt vor. Die Anzahl der quantenphysikalischen Zustände, die so ein großes Protein einnehmen kann, ist gigantisch. Es tauscht fortlaufend Energie mit der Umwelt aus und ändert damit ständig seinen quantenphysikalischen Zustand. Mathematisch gesehen verliert man sofort den Überblick, was die einzelnen Atome da drinnen so treiben. Die Überlagerung all dieser Möglichkeiten und der Verlust an Information durch Kopplung an die Umwelt führt zu einer klassischen Erscheinung. Auf der anderen Seite erzeugt die probabilistische Natur der Quantenwelt ein zufälliges Messergebnis. Wie genau der abrupte Übergang im Messprozess und dem damit einhergehenden Kollaps der Wellenfunktion vonstattengeht, ist ungeklärt und eine heiß diskutierte Frage.

Um derartige Fragen beantworten zu können, braucht es Experimente. Was wäre, wenn man das Messgerät immer kleiner machte, vielleicht auch nur ein paar Atome groß? Dann müsste es doch irgendwann von der klassischen Welt in die Quantenwelt wechseln. Heute kann man schon um die tausend Atome quantenphysikalisch bändigen. Kann man daraus einen Minidetektor zusammensetzen und damit ein einzelnes Atom ausmessen? Was wird man beobachten? Macht der Quantendetektor klick, entscheiden sich alle Atome für einen bestimmten Zustand, oder lavieren sie zwischen vielen Zuständen hin und her? Wie viele Atome braucht es für ein klares Bekenntnis zu einem ehrlichen Klick? Noch wissen wir es nicht, aber Experimente dieser Art werden endlich möglich. Spannende Zeiten für die Quantenphysik!

Zum Abschluss des Kapitels wollen wir noch einmal auf Werner Heisenberg und seine berühmte **Unschärferelation** zurückkommen. Sie besagt, dass man nicht alle Eigenschaften eines Objektes exakt kennen kann, sondern nur mit einer gewissen Ungenauigkeit. Zum Beispiel können wir bei einem klassischen Teilchen exakt benennen, wo es sich gerade befindet und wie schnell es sich bewegt. Auf den kleinen Skalen der Quantenwelt ist das nur noch begrenzt möglich. Dieses Phänomen ist aber gar nicht so ungewöhnlich, wie es auf den ersten Blick erscheinen mag, sondern es hängt mit den Welleneigenschaften der Quantenphysik zusammen. Auch bei klassischen Wellen gibt es ähnliche Unbestimmtheiten. Am einfachsten einzusehen ist, dass Wellen ausgedehnte Objekte sind. Eine punktförmige Welle kann es nicht geben. Man kann nur die Wellenlänge einer Welle angeben, wenn sie genügend ausgedehnt ist. Je kleiner man den Ausschnitt wählt, in dem man eine Welle betrachtet (gute Ortsauflösung), desto weniger genau kann man etwas über die Wellenlänge und damit auch über die Frequenz der Welle aussagen. Derartige Ungenauigkeiten lassen sich für klassische Wellen mathematisch exakt formulieren. Für die Quantenphysik erlaubt die Born'sche Wahrscheinlichkeitsinterpretation ebenfalls eine exakte mathematische Beschreibung. Man kann das mit dem Welle-Teilchen-Dualismus von de Broglie veranschaulichen. Die Wellenlänge der Materiewelle ist gegeben durch $\lambda_{dB} = h/p$, oder besser ausgedrückt mit dem Impuls $p = mv$ als $\lambda_{dB} = h/mv$. Je langsamer die Geschwindigkeit v eines Teilchens wird, desto kleiner wird p, und damit wächst λ_{dB} immer weiter an. Anders ausgedrückt: Je genauer wir die Geschwindigkeit kennen, und die kennen wir immer besser, je langsamer das Teilchen wird, desto größer wird seine Wellenlänge. Im extremsten Fall steht das Teilchen still, hat also gar keine Geschwindigkeit mehr, v beträgt also 0. Genauer kann man es nicht wissen. Die Wellenlänge wäre damit $h/0$, was aber unendlich ist. Wir wissen nichts über den Aufenthaltsort. Es muss aber nicht immer der Extremfall sein. Die beiden Größen Ort und Impuls können sich ihre Ungenauigkeit aufteilen, mal ist der Ort unbekannt, dafür weiß man mehr über den Impuls, oder andersherum. Formaler schreibt man, dass der Ort x um x +- Δx (Delta x) unbekannt ist und der Impuls p um p +- Δp. Damit kann man die Formel für die Orts-Impuls-Unschärfe in ihrer berühmten Form $\Delta x \Delta p \rangle h$ ausdrücken. Die Ungleichung setzt eine absolute Grenze, wie genau man den Ort und den Impuls eines Teilchens kennen kann. Diese quantenphysikalische Unschärfe wird erst bei sehr kleinen Skalen relevant. Der Impuls eines Elektrons in einem Atom ist so klein, dass das Elektron nur als Wahrscheinlichkeitswolke existiert, die um das ganze Atom herum verteilt ist. Man kennt die Bilder mit den Elektron-Orbitalen aus Chemiebüchern. In diesen Bildern ist der Atomkern aber immer als ein richtiger Kern dargestellt. Das liegt daran, dass der Kern um ein Vielfaches schwerer ist als das Elektron und die Unschärferelation für ihn keine Rolle spielt.

Was passiert, wenn wir nun aber den Ort und den Impuls eines Teilchens messen wollen? In der klassischen Welt ist es egal, ob ich zuerst den Ort eines Teilchens bestimme und dann die Geschwindigkeit oder andersherum. In der Quantenwelt ist das allerdings nicht so. Bestimme ich den Ort eines Teilchens, zum Beispiel, indem ich eine Materiewelle durch einen Spalt schicke, schnüre ich die Ortsverteilung entlang des Spaltes ein, und konsequenterweise muss die Impulsverteilung größer werden. Die Messung verändert die Quanteneigenschaften des Objektes. Wenn man die Messung in umgekehrter Reihenfolge ausführt, passiert dasselbe, nur dass man nun durch die Messung des Impulses bzw. der Geschwindigkeit des Teilchens die Verteilung im Raum verändert. Man bekommt also in beiden Fällen unterschiedliche Messergebnisse für den Ort und den Impuls. Das ist schon recht erstaunlich. In der klassischen Welt können wir zum Beispiel bei den Olympischen Spielen einfach eine Kamera auf einen Hammerwerfer richten und genau verfolgen, wo und wie schnell der Hammer ganz exakt seinen Weg nimmt, ohne sich von uns Zuschauenden gestört zu fühlen. Der Teufel steckt im winzigsten, atomaren Detail.

Es gibt nicht nur männliche Quantenphysiker

Dies ist ein guter Zeitpunkt, um auf den Beitrag der Physikerinnen zur Quantenphysik einzugehen. Bislang war es doch sehr männerlastig, und die Physik ist bis heute immer noch sehr männerlastig. Entgegen aller Bemühungen, den Frauenanteil anzuheben, sind heute nur rund 20 % der Physikprofessuren mit Frauen besetzt. Immerhin: Tendenz steigend. Es ist offensichtlich, dass nur vereinzelte Frauen durch ungewöhnliche Umstände zu Beginn des 20. Jahrhunderts in der akademischen Welt in Erscheinung treten konnten, um dann doch wieder in den Hintergrund gedrängt zu werden. Marie Curie erhielt den Nobelpreis in Physik 1903 beispielsweise erst, nachdem ihr Mann Pierre beim Nobelkomitee interveniert hatte. Wenn er den Preis bekommen sollte, dann nur, wenn auch seine Frau bedacht würde. Ihre Leistung sei seiner mindestens ebenbürtig. Man findet in der Literatur nicht viele Frauen, die damals zur Quantentheorie beigetragen haben, und es gibt sicher noch einige zu entdecken. Eine Physikerin, der kaum die Aufmerksamkeit zuteilwurde, die sie verdient hätte, ist Grete Hermann. Ihre fundamentalen Betrachtungen zu der tieferen Struktur der Quantenphysik diskutierte sie mit Heisenberg und Bohr, die eine hohe Achtung vor ihr hatten. Sie wurde einst von Emmy Noether promoviert, die selbst fundamentale Beiträge zur Mathematik der Quantentheorie leistete. In den Niederlanden forschte Hendrika Johanna van Leeuwen zum Magnetismus und fand heraus, dass dieser nur quantenphysikalisch zu erklären ist. Stellvertretend sei auch Lucy Mensing genannt, die sich in Hamburg als eine der Ersten an die quantenphysikalische Beschreibung von Molekülen herantraute.

Grete Hermann (* 2. März 1901 in Bremen; † 15. April 1984 ebenda).
Als eine der wenigen Frauen fand Grete Hermann Eingang in die Riege der Quantenpioniere. Frauen war es damals fast unmöglich, in den Genuss einer höheren wissenschaftlichen Ausbildung zu kommen. Hermann war eine der wenigen Ausnahmen. Mit einem Studium der Mathematik, Physik und Philosophie war sie gut gerüstet, grundlegende Fragen der Quantentheorie anzugehen. In einer Arbeit von 1936 legte sie sich mit dem großen Mathematiker John von Neumann an, da sie in einem seiner Beweise einen folgenschweren Fehler entdeckte. Von Neumann behauptete in seiner Arbeit, dass es aufgrund der mathematischen Struktur der Quantentheorie keine verborgenen Variablen geben könne. Leider wurde Hermanns Arbeit ignoriert, und es dauerte fast 30 Jahre, bis John Stewart Bell dieses Thema wieder aufgriff und mathematisch auf die Beine stellte. Nachdem Hermann in der Nazizeit emigrieren musste, kehrte sie 1946 nach Bremen zurück und übernahm die Leitung der neu gegründeten pädagogischen Hochschule Bremen, die 1973 in der Universität Bremen aufgegangen ist.

Spukhafte Fernwirkungen und verschränkte Zustände

Das wahrscheinlich surrealste Phänomen der Quantenphysik ist die **Verschränkung**. Zwei Teilchen können sich an weit entfernten Orten befinden, ganz ohne Kontakt, und trotzdem noch eine enge Beziehung zueinander haben. Sie wissen Dinge voneinander, die eigentlich gar nicht möglich sein dürften. Zumindest in unserer klassischen Welt. Um dieses Voneinander-Wissen etwas besser zu fassen, benutzen Physiker:innen den Begriff Korrelation. Was eine Korrelation ist, lässt sich leicht an einem Beispiel erklären. Stellen Sie sich vor, Sie haben zwei Kinder und zwei Gummibärchen. Ein rotes und ein grünes. Sie geben jedem Kind zufällig je eines der beiden Gummibärchen in die Vesperbox. Wenn das eine Kind in der Pause in seiner Box ein grünes Gummibärchen entdeckt, dann ist sofort klar, dass in der anderen Box ein rotes stecken muss. Eine einfache klassische Korrelation: wenn hier rot, dann dort grün bzw. andersherum. In der Quantenwelt gibt es auch Korrelationen mit ähnlichen Aussagen wie über die Gummibärchenfarben, sie können aber unter bestimmten Bedingungen mehr Informationen enthalten, als es in der klassischen Welt möglich ist. Zwei Quantengummibärchen können stärker verbandelt sein als man denkt, und es scheint, als ob sie für uns unsichtbar Informationen über ihre Befindlichkeiten austauschen können. In der Quantenwelt können die beiden Gummibärchen gleichzeitig rot und grün sein, mit der Randbedingung, dass eines der beiden rot und das andere grün sein muss. Welche Farbe wo auftaucht entscheidet der Zufall, wenn eine der zwei Boxen geöffnet wird. Im Detail wurde dieses quantenphysikalische Mehrvermögen in einem berühmten Artikel von Albert Einstein, Boris Podolsky und Nathan Rosen im Jahr 1935 in Form eines Paradoxons vorgestellt. Heute spricht man daher von einem EPR-Paradoxon (EPR = Akronym der Autoren) oder schlicht von Verschränkung. Das Paradoxe an diesen Paarzuständen ist, dass die Messung an einem Teilchen einen Einfluss auf das Messergebnis des anderen Teilchens hat, ohne dass die beiden in Kontakt stehen. Eine Messung hier ändert die möglichen Messergebnisse an einem völlig anderen Ort. Diese Änderung der Situation passiert erstaunlicherweise ganz genau in dem Moment, in dem die erste Messung vorgenommen wurde. Zuvor ist von diesen Korrelationen noch nichts zu sehen. Was passiert hier? Telepathische Fähigkeiten, teleportierende Notizzettel, oder wie Einstein es nannte: spukhafte Fernwirkungen? Wie man es auch nennen mag, hier passt etwas nicht mit unserem Realitätsbegriff zusammen. Wenn etwas hier ist, dann kann es nicht gleichzeitig auch noch an einem anderen Ort sein. Anders gesagt, wenn sich in unserer klassischen Welt etwas an einer bestimmten Stelle befindet, kann es nur einen Einfluss auf seine unmittelbare Umgebung haben und diesen dann an die nächste nähere Umgebung weitergeben und so weiter. Das Limit ist die Lichtgeschwindigkeit. Keine Information kann sich schneller ausbreiten. Dieses Prinzip nennt man *Lokalität.* Wenn das eine

Kind zufällig im Andromedanebel zur Schule geht, kann doch nicht hier auf der Erde ein Gummibärchen seine Farbe ändern, nur weil jemand Lichtjahre entfernt eine Vesperdose aufmacht. Zusammengefasst und etwas physikalischer formuliert passiert Folgendes: Ein Kind misst im Andromedanebel an seinem Gummibärchen die Farbe und erhält zum Beispiel die Antwort rot. Daher weiß das Kind im Andromedanebel sofort, dass das andere Kind hier in der Milchstraße grün messen wird, aber das Kind in der Milchstraße weiß davon noch nichts. Diese Information steckt in dem ungemessenen Gummibärchen und könnte eigentlich nur mit Lichtgeschwindigkeit dahingelangt sein. Oder das Kind in der Milchstraße hat schon ein grünes Gummibärchen gemessen, und es ist klar, dass die Messung im Andromedanebel rot sein wird. Dass die Ergebnisse wirklich so herauskommen, lässt sich nur durch einen klassischen Informationsaustausch, zum Beispiel per Telefon, und damit nur mit Lichtgeschwindigkeit gegenseitig überprüfen.

Es muss sie also geben, diese spukhafte Fernwirkung, die in Nullzeit durch die Welt zu flitzen scheint. Aber ist das nicht unmöglich? Mit einem sorgfältig durchgeführten Experiment wird man schon herausfinden, wo und wie da geheime Absprachen getroffen werden. Wie so ein Experiment aussehen könnte, hat sich 1964 John Stewart Bell überlegt. Er ging davon aus, dass die Gummibärchen einen für uns verborgenen unsichtbaren, aber klassisch durchaus möglichen Spickzettel dabeihaben, auf dem steht, wie man sich je nach Situation zu verhalten hat. Das Ganze in strenge Mathematik gegossen ergab die berühmten Bell'schen Ungleichungen. Sie sagen aus, welche Korrelationen zwischen den Messungen an den beiden Gummibärchen auftreten können, sofern es den Spickzettel gibt. Wenn stärkere Korrelationen auftreten, die Gummibärchen also mehr voneinander wissen, als es ein Spickzettel erlauben würde, dann muss es das Phänomen der Verschränkung geben, und die Quantenphysik hat nichtklassische Eigenschaften.

Da Gummibärchen schwierig zu handhaben sind, haben Anfang der 1970er Jahre der Amerikaner John Clauser und der Franzose Alain Aspect Experimente mit verschränkten Paaren von Photonen durchgeführt, und es kam, wie es kommen musste. Die Photonen zeigten stärkere Korrelationen, als die Bell'schen Ungleichungen erlauben, und die Quantenphysik ist so verrückt, wie sie ist. In den folgenden 50 Jahren wurden von unzähligen Arbeitsgruppen noch unzählige weitere Verschränkungsexperimente durchgeführt, um sogenannte Loopholes (Schlupflöcher) aufzudecken. Ohne Erfolg. Die Verschränkung ist Realität, und Clauser und Aspect freuten sich 2022 über einen Nobelpreis für ihre wegweisenden Messungen.

Zum Abschluss noch eine Begriffsklärung. Da die zwei räumlich entfernten Objekte eines verschränkten Zustandes Information teilen, sagen Physiker:innen, dass die Quantenphysik nichtlokal ist. Damit ist aber nicht gemeint, dass irgendetwas physisch nichtlokal ist. Ein Teilchen im Andromedanebel kann nicht ein Teilchen hier in der Milchstraße anschubsen. Wollen die beiden sich stoßen, dann müssen sie lokal am selben Ort aufeinandertreffen. Was aber nichtlokal ist, sind die Korrelationen. Die Klicks an den Detektoren zeigen also Korrelationen auf, die klassisch nicht möglich wären.

Schrödingers Katze

In der Quantenwelt können Licht oder Materie an mehreren Orten gleichzeitig physikalisch messbare Eigenschaften aufweisen, die nicht unabhängig voneinander sind. Das ist genau das, was Einstein, Podolsky und Rosen damals Kopfzerbrechen bereitete und uns Forscher:innen heute auch noch, obwohl Clauser und Aspect gezeigt haben, dass es tatsächlich so ist. Man kann die Kopfschmerzen sogar noch vergrößern, indem man das System vergrößert, etwa auf Katzengröße, wie es Erwin Schrödinger vorschlug. Der Impetus ist ähnlich, das Setting wohlbekannt und schnell ins Gedächtnis gerufen. Man nehme eine lebendige Katze, setze sie in eine sehr gut abgeschirmte Kiste, damit man nicht versehentlich etwas aus der Kiste erfährt, was einer Messung gleichkäme. Dazu gibt man ein radioaktives Präparat, einen Geigerzähler, eine Flasche mit Gift und etwas Mechanik. Der radioaktive Strahler soll sehr schwach sein, so schwach, dass nach einer Minute mit einer 50/50-Wahrscheinlichkeit ein einziger Atomkern zerfallen ist und vom Geiger-Zähler detektiert wird. Im Falle eines Zerfalls klickt der Zähler und löst damit eine Mechanik aus, die die Giftflasche zerbricht, und unsere arme Katze muss dran glauben. Aber mit einer fünfzigprozentigen Wahrscheinlichkeit passiert eben nichts. Wenn keine Information aus der Kiste herausdringt, ist es unmöglich, vorherzusagen, wie die Situation nach einer Minute sein wird. Ein radioaktiver Zerfall ist ein quantenphysikalischer Prozess, und nach einer Minute befindet sich der Atomkern in einem sogenannten **Superpositionszustand** zwischen |*makellos*⟩ und |*zerfallen*⟩, ganz wie bei den Photonen oben. Damit ist aber auch der Zustand der Mechanik und der Giftflasche in der Schwebe. Die Giftflasche ist entweder $|\mathit{MAKELLOS}\rangle$ oder $|\mathit{ZERBROCHEN}\rangle$. Die Großbuchstaben sollen ausdrücken, dass jetzt nicht nur ein einzelnes quantenphysikalisches Teilchen (hier: ein Atomkern), sondern ein riesiges klassisches Objekt (Mechanik + Giftflasche + Gift) in einem Superpositionszustand existiert. Damit ist aber auch das Schicksal der Katze ungewiss. Sie ist zu diesem Zeitpunkt $|\mathit{LEBENDIG}\rangle$ und $|\mathit{TOT}\rangle$ gleichzeitig. Völlig abhängig von dem Schicksal des einzelnen Atoms. Es handelt sich hier wieder um einen verschränkten Zustand. Der Zustand eines kleinen Quantenteilchens ist mit dem Zustand der Katze verknüpft. Die mikroskopische Änderung des Atomkerns hat riesige Auswirkungen auf die Katze. Mathematisch würden wir analog zu den EPR-Paaren mit Photonen schreiben: $|\mathit{makellos}\rangle|\mathit{LEBENDIG}\rangle + |\mathit{zerfallen}\rangle|\mathit{TOT}\rangle$. Macht man die Kiste auf, und die Katze springt heraus, kollabiert der Quantenzustand in den Zustand $|\mathit{makellos}\rangle|\mathit{LEBENDIG}\rangle$. Im Labor lassen sich diese Katzenzustände tatsächlich herstellen, bestehen aber bislang nur aus einer Handvoll schnurrender Atome oder Photonen, und man müsste daher eher von Schrödingers Kätzchen reden. Es ist für die Forscher:innen eine Herausforderung, viele Teilchen gleichzeitig kontrolliert in einen komplexen Quantenzustand zu versetzen und ihn auch zu bewahren. Gibt nur ein einziges Teilchen den Whistleblower, ist es mit der quantenphysikalischen Geheimnistuerei vorbei.

Eine Frage bleibt aber offen: Ist tot oder lebendig ein quantenphysikalischer Zustand? Wie würde man dazu eine Wellenfunktion aufschreiben? Gibt es eine Mathematik des Lebendigseins? Das Konzept des Lebens ist mit unserer klassischen Welt verbunden, und es ist schwer, sich vorzustellen, wie eine quantenphysikalische Beschreibung aussehen könnte.

Die zweite Quantenrevolution – die Quanten ziehen in unseren Alltag ein

Nicht nur in der Quantenphysik verhalten sich die Dinge ganz anders, als man es ansonsten kennt, sondern auch bei den Quantenrevolutionen. Nachdem die erste Quantenrevolution nach 1900 sehr langsam und fast ganz unbemerkt vonstattenging, befinden wir uns nun mitten in einer zweiten Quantenrevolution. Diesmal wurde sie im Jahr 2002 von Jonathan Dowling und Gerard Milburn offiziell ausgerufen, und die Forscher:innen sollten bitte zur Revolution schreiten. Taten sie auch, aber mit der Bedachtsamkeit und Akkuratesse, die Forscher:innen so an den Tag legen. Daher dauert die Revolution heute immer noch an. Unter der Losung »Quanten 2.0« sollen nach einhundert Jahren Forschung an den Quanten die Quanten einmal etwas für uns tun. Quantendinge wie quantisierte Energien, Superpositionszustände, Verschränkung und vieles Weitere könnten doch als Komponenten in Geräten aufgehen, die ihre klassischen Gegenstücke übertreffen. In den Laboren können die Physiker:innen die Quantenwelt bereits auf dem Niveau einzelner Atome und Photonen perfekt kontrollieren und ihnen Tricks beibringen. Die Aufgabe ist nun, diese Tricks auf eine Apparatur zu übertragen, die auch außerhalb eines geschützten Labors, bei Wind und Wetter, funktioniert. Ideen gibt es viele, aber in der Realität liegt die Herausforderung darin, die Konzepte der Grundlagenforschung in robuste Technologien zu gießen. Das Problem ist, dass Grundlagenforschung und Ingenieurskunst in zwei völlig unterschiedlichen Welten leben, die durch das sogenannte »valley of death« getrennt sind. Von einem Heureka im Labor bis zum fertigen Produkt einer Firma vergehen schnell zehn Jahre oder mehr. Die zweite Quantenrevolution hat viel Geld in das System gespült, um diese Lücke zu schließen, und es gibt inzwischen Quantensensoren, quantenkryptographische Systeme oder Quantencomputer zu kaufen, je nach Geldbeutel. Was man schon für vergleichbar kleines Geld bekommt, sind Atomuhren auf Chipgröße.

Atomuhren

Die Atomuhr ist ein gutes Beispiel, um nachzuvollziehen, wie aus der Forschung heraus kommerzielle Anwendungen entwickelt werden können. Diese Geschichte beginnt schon lange vor der zweiten Quantenrevolution im Jahr 1955 im National Physics Laboratory (NPL) in England. Hier wurden Cäsiumatome mit einer Mikrowelle von dem energetisch tiefsten Zustand in einen energetisch sehr naheliegenden höheren Zustand angeregt. Wir erinnern uns, dass die Frequenz des Lichts f durch die Energiedifferenz der beiden Zustände E durch $E = h \times f$ bestimmt ist. Eine kleine Energiedifferenz bedingt ein langsam schwingendes Lichtfeld, oder anders gesagt ein Mikrowellenfeld. Der Vorteil von Mikrowellenstrahlung ist, dass sie ca. eine Million Mal langsamer schwingt als sichtbares Licht und man die Schwingungen mit einfacher Elektronik sehr gut erzeugen und auch erfassen kann. Das Prinzip ist mit dem einer Pendeluhr vergleichbar, schwingt das Pendel sechzigmal hin und her, dann ist eine Sekunde vergangen. Im Falle von Cäsium schwingt das Licht über neun Milliarden Mal pro Sekunde. Schnellere Schwingungen sorgen für eine höhere Genauigkeit. Stellen Sie sich vor, man müsste eine Sekunde durch die Erdrotation (Tag/Nacht) oder die Rotation um die Sonne (Jahr) bestimmen. Schwer. Und bei wolkenverhangenem Himmel noch schwerer. Ein Vorteil von Atomen ist, dass sie immer exakt gleich sind. Egal wo das Cäsium ausgegraben wird, es hat immer den gleichen Energieunterschied. Damit gehen zwei Cäsiumuhren immer gleich. Der Quantenaspekt einer Atomuhr steckt genau in den quantisierten Energieniveaus der Atome und dass es möglich ist, genau zu kontrollieren, in welchem energetischen Zustand sich das Atom befindet.

Der Aufbau ist damit einfach erklärt. Man beginnt mit Cäsiumatomen, die in dem unteren Energiezustand präpariert sind, und schickt sie als Gasstrahl durch eine evakuierte Röhre. Strahlt man nun die Mikrowelle ein, dann gehen die Atome in den angeregten Zustand über. Am anderen Ende der Röhre misst man, wie viele oben angekommen sind. Das funktioniert am besten, wenn die Mikrowelle exakt die Frequenz hat, die zu der Energiedifferenz passt. Somit übersetzt sich die elektronische Struktur des Atoms in eine Zeit. Das funktioniert so gut, dass man die Zeit damit definiert hat. Schwingt ein Cäsiumatom 9 192 631 770-mal, dann ist exakt eine Sekunde vergangen. Jeder kann das für sich selbst messen, ganz unabhängig von anderen, überall auf der Erde oder ganz alleine im All, und nichts muss geeicht werden. Alles Wesentliche steckt im Cäsiumatom. Für den Alltag ist aber vor allem die Genauigkeit der Atomuhren wichtig. Will man zum Beispiel eine Strecke x messen, dann schickt man Licht mit Lichtgeschwindigkeit c von A nach B und misst die Zeit. Die Strecke ist dann $x = c \times t$. Je genauer die Zeit gemessen wird, desto genauer ist die Strecke. Unsere Satellitennavigation basiert genau auf solchen Zeitmessungen, und daher wissen wir mit unserem Navi im Auto, dass wir auf der richtigen Straße fahren und nicht im Feld nebenan. Es hat 50 Jahre gedauert, bis die metergroße Apparatur aus England auf einen Chip passte, und natürlich haben die Forscher:innen die Atomuhren in den letzten Jahren noch deutlich verbessert. Heute kann man einzelne Atome in einer Vakuumkammer einfangen, damit perfekt von der Umgebung isolieren und die Energieabstände mit sichtbarem Licht ausmessen. Viel schnellere Schwingungen ergeben viel genauere Uhren. Diese sogenannten optischen Atomuhren sind so genau, dass sie seit dem Urknall bis heute weniger als eine Sekunde falsch gehen.

Quantensensoren

Die Atomuhren sind deshalb so überragend gut, da man die Schwingungen der Atome extrem genau vermessen kann. Jedoch schwingen die Atome nur dann exakt gleich, wenn man sie möglichst gut von der Außenwelt abschirmt, was einen großen technischen Aufwand darstellen kann. Setzt man ein Atom zum Beispiel in ein Magnetfeld, dann zupft das Magnetfeld an den Elektronen, diese ändern ihre Energiezustände, und das Atom schwingt mit einer anderen Frequenz. Winzige Magnetfelder rufen winzige Änderungen hervor. Mit einer zentimeterkleinen Glaszelle, die mit Atomen gefüllt ist, und einem millimeterkleinen Laser kann man damit Felder ausmessen, die so klein sind wie ein Milliardstel des Erdmagnetfelds. Das kann kein klassischer Magnetfeldsensor so gut. Hier ist die Quantentechnologie bereits der klassischen Sensorik überlegen. Aber was macht man mit einem solch empfindlichen Gerät? Zum Beispiel winzigste Ströme in unserem Körper messen. Strom ist bewegte Ladung, und diese erzeugt ein Magnetfeld. Wird ein Impuls in einem Neuron ausgelöst, so fließt ein kleiner Strom, der wiederum ein kleines Magnetfeld erzeugt. Klein, aber kein Problem für einen Quantensensor. Im Gehirn finden sich nun aber rund 100 Milliarden Neuronen, die alle kreuz und quer feuern – und jedes erzeugt ein Magnetfeld. Die Summe all dieser Felder ergibt ein durchaus großes Durcheinander auf dem Sensor. Um eine bessere Übersicht zu erhalten, verwendet man mehrere Sensoren, die über den Kopf verteilt werden. So lässt sich aus all den Signalen eine räumliche Verteilung der Ströme rekonstruieren. Diese Art der Tomographie nennt man Magnetoenzephalographie (MEG) – sie ist bereits an einigen Kliniken im Einsatz. Vor allem bei der Diagnostik von Epilepsie ist dieser Ansatz besonders hilfreich, da hier Erregung und Hemmnis der Neuronenaktivität aus dem Ruder laufen und man dank der MEG lokalisieren kann, wo genau im Hirn die Probleme auftreten.

Es gibt noch viele weitere winzige Magnetfelder, die man aufspüren möchte. Spannt man einen Magnetsensor auf eine Drohne und fliegt damit durch die Landschaft, kann man damit metallischen Schrott, militärisches Gefahrgut, archäologische Überbleibsel oder auf etwas größerer geophysikalischer Skala Signaturen der Plattentektonik aufspüren. Wer es lieber kleiner hat, kann sich störende Leckströme in Batterien vornehmen oder einer Venusfliegenfalle beim Fangen einer Fliege zusehen. Das geht tatsächlich, auch in Pflanzen strömen kleinste Ströme, die man sichtbar machen kann.

Die Spektroskopie von Atomen und Ionen eignet sich hervorragend, um kleinste magnetische, elektrische und elektromagnetische Felder zu detektieren. Leider fliegen sie herum und müssen irgendwie festgehalten werden, um sie mit einem Laser untersuchen zu können. Ein Sensor, in dem alles fest an einem Ort bleibt, wäre viel praktischer. Das ist gar nicht so einfach, da Atome in einem Festkörper wie Ölsardinen aneinandergepresst sind und damit ihre schönen gleichartigen Eigenschaften verlieren. Wenn man ein Atom in eine sehr gleichmäßige und regelmäßige Umgebung setzt, kann man aber manches hinüberretten, sofern die benachbarten Atome sich nicht zu viel bewegen. Daher ist es ratsam, den Festkörper möglichst gut zu kühlen. Aber anstatt ein Atom in eine geschützte Matrix zu setzen, kann man erstaunlicherweise auch ein Atom herausnehmen. Dadurch entsteht ein atomar kleines Loch, eine sogenannte Fehlstelle. Atom hinzufügen oder herausnehmen, in beiden Fällen haben diese Defekte ähnliche Eigenschaften wie freie Atome, vor allem quantisierte Energiezustände, die mit einem Laser angeregt werden können. Damit lassen sich auch sehr gut Sensoren entwickeln, oder etwas profaner ein Fernseher. QLED-Geräte basieren auf winzigen Partikeln, den Quantenpunkten, die zwar nicht aus einzelnen Atomen, sondern aus einigen tausend Atomen bestehen. Sie sind damit aber noch klein genug, um sich quantenphysikalisch zu verhalten und ähnlich den Atomen nur ganz bestimmte quantisierte Energieniveaus aufzuweisen. Durch Änderung der Größe kann man einstellen, mit welcher Farbe sie leuchten. Für diese Quantenpunkte gab es 2023 einen Nobelpreis für Moungi Bawendi, Louis Brus und Alexei Ekimov, diesmal aber in Chemie.

Die immer alltäglicher werdende Arbeit mit Atomen, Quantenpunkten, Fehlstellen usw. in Kombination mit der unfassbar rasanten Entwicklung von klassischen Technologien wie ultraschneller Elektronik, Laser, Miniaturisierung und Integration führt zu einer stetig wachsenden Zahl von Firmen, die hochsensible, kompakte und einfach zu bedienende Quantensensoren zu zivilen Preisen entwickeln. Das ist aber keine völlig neue Entwicklung. Quantensensoren konnte man auch schon in den 80er Jahren kaufen, zum Beispiel für die Messung von Magnetfeldern. Ein Quantenphänomen, das hier bislang noch nicht erwähnt wurde, ist die Supraleitung. Bei extrem niedrigen Temperaturen verlieren viele Materialien ihren elektrischen Widerstand, und der Strom kann völlig verlustfrei fließen. Strom besteht aus bewegten Elektronen, und diese reagieren wiederum empfindlich auf Magnetfelder. Die supraleitenden Elektronen sind aber auch wieder Materiewellen, die interferieren können. Dies alles wird in sogenannten SQUIDS (Superconducting Quantum Interference Device) zusammengeführt, die in vielen unterschiedlichen Bereichen eingesetzt werden können, zum Beispiel bei der oben erwähnten Enzephalographie.

Quantenkommunikation

Ab wann spricht man eigentlich von einer Quantentechnologie? Bei den Atomuhren und den Quantensensoren ist es die Kombination aus quantisierten Energiezuständen der Atome und die Möglichkeit, diese gezielt anregen zu können. Die ursprüngliche Vision der zweiten Quantenrevolution war es aber, sich auch komplexere Quantenzustände zunutze zu machen, wie zum Beispiel die Verschränkung. Diese spielt etwa für Quantencomputer eine tragende Rolle, die wir uns im nächsten Kapitel ansehen. Es gibt aber auch noch die Quantenzustände des Lichtfelds, wie zum Beispiel einzelne Photonen. Was macht diese so quantenphysikalisch? Als ›normales‹ Licht würden wir vermutlich das Licht einer Lampe oder der Sonne bezeichnen. Dieses Licht wird von Physiker:innen als chaotisches Licht bezeichnet, und wie der Name verrät, ist damit nicht viel Quantenphysikalisches anzufangen. Eine besondere Lichtquelle ist der Laser, der aus vielen Photonen besteht, aber die Eigenschaft hat, dass alle Photonen im Gleichtakt schwingen. Ganz genau so, wie eine Antenne Radiowellen aussendet oder eine Mikrowelle Ihr Essen erwärmt. In der Physik wird Laserlicht als klassisches Licht bezeichnet, da man es gut mit den klassischen Gleichungen der Elektrodynamik beschreiben kann. Laser haben kaum interessante quantenphysikalische Eigenschaften, aber sie eignen sich ideal, um quantisierte Systeme anzuregen. Dagegen haben einzelne Photonen sehr starke quantenphysikalische Eigenschaften, und die wichtigste ist, dass man sie nicht kopieren kann. Physiker:innen nennen das malerisch das No-Cloning-Theorem.

Um ein Photon kopieren zu können, müsste man seine gesamten Eigenschaften ausmessen. Aber wir wissen inzwischen, dass das unmöglich ist. Die Messung eines Parameters verändert den Zustand des Quantenobjekts. Wenn man aber nicht alles wissen kann, dann kann man auch keine Quantenkopie erstellen. In einem Photon kann das zum Beispiel die Polarisation des Lichtfelds sein. Das ist die Richtung der Schwingungsachse, in der das elektrische Feld schwingt. Das No-Cloning-Theorem ist überaus praktisch, wenn man geheime Informationen austauschen will. Man verpackt die Information, die man übermitteln will, zum Beispiel in den Polarisationszustand eines Photons und schickt es mit einer Glasfaser zu einem weit entfernten Partner. Die beiden Teilnehmer heißen seit einer Publikation im Jahr 1978 Alice und Bob und mussten seitdem millionenfach Photonen in verschiedensten möglichen und unmöglichen Situationen hin- und herschicken. Das wäre alles wunderbar so weitergegangen, wäre nicht 1988 Eve dazugekommen. Diese Eve will unbedingt wissen, was da so kommuniziert wird, und versucht seitdem mit allen möglichen Tricks, die beiden abzuhören. Klaut sich Eve das Photon aus der Leitung und sieht es sich an, könnte sich die Eigenschaft des Photons ändern. Im ärgsten Fall verschwindet es sogar komplett in einem Detektor. Das geschädigte Photon oder das Ersatzphoton, das Eve wieder in die Faser hineinmogelt, sieht wahrscheinlich anders aus als zuvor, und Bob wird merken, dass da etwas durcheinandergekommen ist. Eve könnte auch versuchen, eine Kopie des Photons zu erstellen, und das Original zurück in die Leitung geben. Das geht aber leider nicht, da es unmöglich ist, eine exakte Kopie eines Quantenzustandes herzustellen. Es gibt viele Wege, mit Photonen zu kommunizieren, aber die berühmteste Methode folgt dem BB84-Protokoll, das 1984 von Charles Bennett und Gilles Brassard eingeführt wurde. Dabei werden Photonen von Bob in einem bestimmten Polarisationszustand präpariert und an Alice geschickt. Alice weiß natürlich nicht, in welchem Zustand die Photonen sind, und nimmt zufällige Messungen der Polarisationsrichtungen vor. Entscheidend ist, dass in manchen dieser Messungen die Richtung der Polarisation nicht zu der Ausrichtung der Messapparatur von Alice passt. Die Photonen befinden sich aus der Sicht von Alice in einem Überlagerungszustand von zwei verschiedenen Polarisationen. In ihrer Messung wird sie zufällig nur eine der beiden Möglichkeiten detektieren. Erhält sie von Bob noch die Information, wie er die Photonen präpariert hat, und vergleicht das mit ihren Messungen, kann sie über die Korrelationen zwischen Bobs Polarisationsrichtungen und ihren Messungen tatsächlich entziffern, welche Information Bob in den Photonen kodiert hat.

Wenn man in der klassischen Welt eine Information sicher übermitteln will, verschlüsselt man zunächst die Nachricht, schickt dann den Buchstaben- und Zahlensalat an den gewünschten Empfänger, und dieser entschlüsselt die Information mit einem passenden Code. Damit das funktioniert, mussten sich die beiden Teilnehmer zuvor verständigt haben, wie man die Information verschlüsselt und entschlüsselt. Sie müssen also physisch in einem sicheren Rahmen zusammengekommen sein, um diese Information auszutauschen. Mit der Quantenkommunikation fällt dieser Schritt weg, da man die Informationen unter keinen Umständen abhören kann. So weit, so gut, aber die Übertragung von Daten mit einzelnen Photonen ist technisch sehr aufwändig. In Glasfasern gehen die Lichtteilchen gerne mal verloren, und es sollte allgemein recht dunkel sein, damit die empfindlichen Lichtdetektoren nicht geblendet werden. Die typische Reichweite eines Photons in einer Glasfaser liegt bei wenigen 100 km. Danach muss eine Zwischenstation die Information auslesen und wieder sicher weiterschicken, oder man baut am besten gleich einen völlig quantenphysikalischen Zwischenverstärker. Trotz des immensen Aufwandes werden in der ganzen Welt Glasfasernetzwerke speziell für die Quantenkommunikation errichtet.

Für die Quantenforscher:innen liegt die Herausforderung aber eher in der effektiven Erzeugung von einzelnen Photonen oder Photonenpaaren. Das sind komplizierte Quantenzustände, die man leider nicht einfach so aus einer Lichtquelle heraussieben kann. Gesucht sind spezielle optische Materialien, die normales Licht in einzelne Photonen umwandeln, oder noch besser direkt aus Strom einzelne Photonen erzeugen, also eine Art Quantenglühbirne darstellen. Die Forschung findet zwar noch zum Großteil in Laboren statt, verschiebt sich aber zunehmend in auf Quantentechnologien spezialisierte Firmen.

Den wohl größten Aufwand hat China betrieben, das für rund 100 Millionen Euro eigens einen Satelliten namens Micius entwickelt hat, mit dem man 2016 zum ersten Mal einzelne Photonen gemäß dem BB84-Protokoll auf die Erde schickte.

Quantencomputer

Von allen Quantentechnologien bekommt der Quantencomputer gegenwärtig die größte Aufmerksamkeit. Die Presse überschlägt sich mit Superlativen, was ein Quantenrechner so alles kann, können wird oder können muss und wie er die Welt verändern wird. Thomas Watson, damaliger IBM-Chef, schätzte 1943 angeblich, dass die Welt Bedarf für vielleicht fünf Computer haben wird. Ähnliche Aussagen gibt es für den Quantencomputer. Es kam anders für den PC, aber ob es beim Quantencomputer ähnlich sein wird, weiß niemand. Jedoch deutet vieles darauf hin, dass der Weltmarktbedarf an Quantencomputern etwas weniger rasant ansteigen wird. Stand heute wurden schon einige Dutzend Quantencomputer verkauft, und sie sind tatsächlich ähnlich teuer wie ihre klassischen Urahnen in den 1940er Jahren. Quantencomputer unterscheiden sich aber fundamental in ihren Fähigkeiten, in ihrer Herstellbarkeit und in ihrem Unterhalt. Unsere Laptops zu Hause bestehen aus Milliarden von Transistoren. Man kann sie überall hin mitnehmen – Hitze, Kälte, Luftfeuchte, Magnetfelder, Erschütterungen, das alles macht ihnen fast nichts aus. Quantencomputer rechnen dagegen mit Quantenzuständen, die äußerst empfindlich auf Änderungen in ihrer Umgebung reagieren. Jede kleinste Störung bringt einen Quantencomputer zum Absturz. Es besteht aber auch noch ein weiterer fundamentaler Unterschied. Klassische Computer und Quantencomputer rechnen auf ganz unterschiedliche Arten. Unsere Computer zu Hause werden hauptsächlich für die Datenverarbeitung, das Schreiben von Texten oder für Spiele verwendet. Dazu braucht man hauptsächlich die Grundrechenarten wie Addition und Multiplikation. Diese Operationen lassen sich recht einfach mit Transistoren realisieren, und nach der Berechnung muss die Information nur noch an der richtigen Stelle gespeichert und später wiedergefunden werden. Daher sind die Prozessoren, die wir benutzen, genau für diese Art von Rechnungen optimiert. Besonders bei aufwändigen Grafikspielen sind Multiplikationen (in Form von Matrizenmultiplikationen) besonders wichtig, und Grafikkarten sind heute oft viel rechenmächtiger als die eigentlichen Hauptprozessoren. Forscher:innen benutzen daher oft Grafikkarten, um darauf ihre Berechnungen und Simulationen durchzuführen, auch für quantenphysikalische Berechnungen. Letzteres funktioniert gut, solange die zu berechnenden Systeme nicht zu groß werden. Will man allerdings berechnen, was einige Dutzend Atome quantenphysikalisch veranstalten, geht der klassische Rechner schnell in die Knie.

Doch was ist der fundamentale Unterschied zwischen einem klassischen Computer und einem Quantencomputer?

Ein klassischer Computer, etwa unser Laptop zu Hause oder die Spülmaschine, sie alle haben Prozessoren, und diese rechnen mit den Zahlen 0 und 1. Das hat einen einfachen Grund: Die Schaltkreise funktionieren mit Elektrizität, und die Zahlen 0 und 1 lassen sich hier leicht implementieren. 0 heißt Strom aus, und 1 heißt Strom an. Man kann alles (Zahlen, Buchstaben, Bilder, Katzenvideos, ...) in Nullen und Einsen ausdrücken, oder besser gesagt in Bits. Ein Bit ist die kleinste Informationseinheit, die eben den Zustand 0 oder 1 annehmen kann. Nimmt man zum Beispiel drei Bits, dann kann man damit acht verschiedene Zustände darstellen, die dann wiederum eine Entsprechung in unserem Dezimalsystem haben:

000	0	011	3	110	6
001	1	100	4	111	7
010	2	101	5		

Für eine Berechnung benötigen wir zwei Zahlen, stellen sie in der Binärform dar und füttern sie in den Computer ein. $2 + 3 = 5$ lautet in der Binärform zum Beispiel $010 + 011 = 101$. Für diese Rechnung reichen sechs Transistoren aus. Je größer die Zahlen, desto mehr Bits braucht man. Mit 32 Bit kann man bereits bis über vier Milliarden zählen. Würde man jede einzelne Zahl bis vier Milliarden abspeichern, braucht man schon fast eine ein Gigabyte große Festplatte. Die Anzahl der Zahlen, oder besser gesagt, Zustände, skaliert mit der Anzahl der Bits wie 2^N. Zwei Möglichkeiten für die erste Stelle, zwei für die zweite, zwei für die dritte, ... $2 \times 2 \times 2 \times \ldots = 2^N$. Diese Zahl der Möglichkeiten explodiert recht schnell, wie bereits der indische König Shihram vor ca. 1500 Jahren herausfinden musste. Der Brahmane Sissa ibn Dahir erfand ein Spiel, um dem zur Tyrannei neigenden Herrscher eine Lehre zu erteilen. Es handelt sich hier um das Schachspiel, und in diesem Spiel ist der König ohne die Unterstützung seiner Bauern verloren. Der Legende nach kam die Botschaft an, Shihram besann sich, wurde milder und fragte Sissa in der Folge, was er denn als Belohnung wünsche. Der wünschte sich Weizenkörner. Wie viele sollen es denn sein? Nun, man legt ein Weizenkorn auf das erste Feld des Schachbretts, verdoppelt es, legt zwei auf das zweite, verdoppelt es wieder und legt vier auf das nächste Feld und so weiter. Das schien dem König lächerlich wenig (2, 4, 8, 16, …), und er dachte, er komme damit billig davon. Leider ist man beim Feld H8 (vulgo 64) bei einer Anzahl von Weizenkörnern angekommen, die die Weltproduktion um ein Vielfaches überschreitet. Der König war blamiert, aber nicht minder listig. Er löste das Problem elegant, indem er Sissa befahl, er selbst solle die Körner einzeln auf Korrektheit abzählen. In der Sprache der Nullen und Einsen ist die Anzahl der Reiskörner eine Zahl aus 64 Bits. Die höchste Zahl ist also eine Abfolge von 64 Einsern, die als Dezimalzahl immer noch 19 Stellen hat und etwas mehr als 18 Trillionen ergibt. Würde man dies abzählen oder sogar alle Zwischenstände notieren wollen, würde das die gesamte Speicherkapazität der Erde überfordern. Zum Glück muss man das nicht tun, da man nie alle Zahlen gleichzeitig benötigt, es ist eben nur ein Raum der möglichen Zahlen. Um das zu veranschaulichen: Wenn man für ein JPG-Bild jede mögliche Farbe für jeden einzelnen Pixel speichern wollte, dann hätte man alle Bilder, die je gemacht wurden, und all jene, die in Zukunft gemacht werden, schon mal auf dem Rechner abgelegt.

Bei einem Quantencomputer ist das ganz anders. Man beginnt ebenfalls mit den Bits 0 und 1, nur handelt es sich hierbei um die Quantenbits $|0\rangle$ und $|1\rangle$, kurz Qubits. Die Schreibweise mit den Klammern $|\ \rangle$ wurde einst von Dirac als »Ket« eingeführt. Es ist die heute übliche Notation, mit der Quantenzustände mathematisch dargestellt werden. Die beiden Zustände $|0\rangle$ und $|1\rangle$ können zwei beliebige Quantenzustände in einem Quantensystem sein, wie zum Beispiel zwei Energieniveaus in einem Atom. Die beiden Zustände können natürlich auch in einer Superposition der Form $|0\rangle + |1\rangle$ vorkommen. Damit haben wir nicht mehr die diskreten Einstellungsmöglichkeiten 0 und 1 wie zuvor, sondern ein Kontinuum von Zuständen. Es wird aber noch etwas vertrackter. Das weitaus größte Potential eines Quantencomputers liegt in der Verschränkung der Qubits. Nimmt man zwei Qubits $|0\rangle$ und $|1\rangle$, dann hat man vier Zustände $|00\rangle$, $|01\rangle$, $|10\rangle$ und $|11\rangle$ als Basis zur Verfügung. Diese kann man auch in eine Superposition versetzen, zum Beispiel in den Zustand $|01\rangle + |10\rangle$. Das sind also jetzt zwei Atome, die nicht einfach unabhängig sind. Genauer betrachtet: Wenn Atom eins im Zustand 0 ist, dann muss Atom zwei im Zustand 1 sein (1. Term), aber gleichzeitig gilt auch das Gegenteil, dass Atom eins im Zustand 1 ist und Atom zwei im Zustand 0 (2. Term). Das kann ein klassischer Computer nicht, da kümmert sich jedes Bit nur um sich selbst und interessiert sich nicht für seinen Nachbarn, außer es geht an eine Rechnung. Diese Überlagerung ist genauso ein verschränkter Zustand, wie ihn Einstein, Rosen und Podolsky diskutiert haben und wir im Kapitel zur Verschränkung besprochen haben. Es gibt also eine zusätzliche Information, die es zuvor nicht gab. Hier ist es das Pluszeichen. Wenn man es mathematisch genauer fasst, gibt es bei zwei Qubits ganz allgemein vier zusätzliche Zahlen, oder akkurater gesagt, Basiszustände, aus denen sich alle Möglichkeiten erzeugen lassen: $|01\rangle + |10\rangle$, $|01\rangle - |10\rangle$,

$|00\rangle + |11\rangle$ und $|00\rangle - |11\rangle$. Jedes einzelnes Qubit kann zu jedem anderen Qubit eine zusätzliche Beziehung haben, was sich in Form einer Zahl ausdrücken lässt, und jede dieser Zahlen ist eine zusätzliche Information, die es im herkömmlichen Computer nicht gibt. Der kann für N Bits 2^N Zustände darstellen. In einem Quantencomputer kann jetzt auch noch jedes Qubit mit jedem anderen Qubit zusätzliche Informationen teilen. Die Anzahl der Zusatzzahlen nimmt also mit der Anzahl der Qubits quadratisch zu, und der Raum der Möglichkeiten in einem Quantencomputer skaliert mit $(2^N)^2$. Das ist das Quadrat an Information, verglichen mit einem normalen Computer. Wegen der Möglichkeit von Überlagerungszuständen ist es für einen Quantenrechner sogar möglich, all diese Zustände gleichzeitig zu besetzen, auch wenn die meisten Zustände kaum berührt werden. Die gesamte Rechenleistung aller Computer der Welt kommt daher gegen einen Quantencomputer mit nur 64 Qubits nicht an. Man liest zwar in der Presse oft von den neuesten Quantencomputern mit vielen tausend Qubits, aber da muss man vorsichtig sein. Die Qubits sind sehr anfällig für Fehler, und man muss mehrere Qubits zusammensetzen, um ein etwas stabileres Super-Qubit zu erhalten. Damit kann man Fehler korrigieren, die sich einschleichen. So schrumpft die Anzahl der Qubits sehr schnell auf eine viel kleinere Anzahl von stabilen Super-Qubits.

Mit Quantencomputern lassen sich bestimmte Probleme deutlich besser lösen als je zuvor. Wie kann man dies etwas exakter fassen? Geschwindigkeit ist hier nicht unbedingt eine geeignete Größe, da ein Computer mit höherer Taktgeschwindigkeit bei gleicher Ausstattung eben schneller wird. Man nimmt als Maß besser die Anzahl der Rechenoperationen, die nötig sind, um ein bestimmtes Problem zu lösen. Bereits 1994 entdeckte der amerikanische Mathematiker und Informatiker Peter Shor einen Quantenalgorithmus, der allen anderen Methoden überlegen war. Dabei geht es um die Primfaktorzerlegung von Zahlen, also beispielsweise, dass 15 das Produkt aus den Primzahlen 3 und 5 ist. Das Produkt lässt sich schnell berechnen, aber für den umgedrehten Weg ist das gar nicht so einfach. Für eine gegebene Zahl N muss man alle Primzahlen nacheinander ausprobieren, ob sie N teilen. Wenn man nicht einmal weiß, welche Zahlen überhaupt Primzahlen sind, dann muss man sogar jede einzelne Zahl testen. Aber spätestens nach $\sqrt{N}$ Schritten hat man es mit Sicherheit geschafft. Das kann man leicht verstehen. Würde man zwei Primzahlen zu einer Zahl N addieren, dann müsste man wenigstens bis zur Hälfte von N alle Zahlen durchprobieren. Bei $N = 36$ muss man bis 17 zählen, dann hat man gleich die 19 als zweite Primzahl gefunden. Bei Produkten von N ist es eben die Wurzel aus N. Für $17 \times 19 = 323$ ist $\sqrt{323} \sim 18$, fast die Mitte. Beim Shor-Algorithmus wächst die Anzahl der Schritte, um die zwei Primzahlen zu finden, viel langsamer als $\sqrt{N}$, da hier die Quantenphysik mithilft. Um genau zu sein, skaliert die Anzahl der Schritte jetzt nur noch logarithmisch mit der Anzahl der Stellen. Das macht sich bei kleinen Zahlen nicht bemerkbar, aber bei Dezimalzahlen mit zum Beispiel 19 Stellen macht es einen gewaltigen Unterschied. Ein gewöhnlicher Rechner, der mit einer Taktrate von einem Gigahertz je einen Schritt berechnen kann, benötigt für die Primfaktorzerlegung fast 600 Jahre. Mit einem Quantenrechner ist diese Aufgabe in ein paar Millisekunden erledigt, ein unglaublicher Unterschied. Nun muss man wissen, dass die Verschlüsselung im Internet oft gerade auf dieser Methode basiert, Primzahlen multiplizieren ist leicht, sie wieder auseinanderzudividieren ist schwer. Sie ist der Kern der

PGP-Verschlüsselung (Pretty Good Privacy), und wenn diese so schnell zu knacken ist, haben wir ein Problem. Haben wir bereits ein Problem? Was ist der Stand der Dinge?

Oder zuvörderst, was muss ein Quantencomputer eigentlich können? Der amerikanische Physiker David DiVincenzo hat das 1996 in fünf einfachen Regeln zusammengefasst:

1) Man benötigt ein skalierbares physikalisches System mit wohldefinierten Qubits. Das bedeutet, dass man ein Objekt mit quantisierten Energiezuständen benutzt, in dem man alle relevanten Zustände quantenphysikalisch unter Kontrolle hat. Und dann braucht man viele Kopien von diesem Objekt, die alle exakt die gleichen Eigenschaften haben. Für ein einzelnes Quantensystem ist das oft leicht zu realisieren, aber für einen Quantencomputer benötigt man hunderte Qubits, das ist eine wahre Herausforderung.
2) Die Qubits muss man so gut unter Kontrolle haben, dass man jeden Startzustand initialisieren kann. Man muss also den Zustand eines jeden Qubit einstellen können, ohne dass sich die Nachbar-Qubits gestört fühlen, und das mit unglaublich hoher Präzision. Idealerweise sollte nur ein Qubit in einem von tausenden Fällen aus der Reihe tanzen.
3) Um rechnen zu können, benötigen wir logische Gatter, die zwei Qubits miteinander »verrechnen«. In diesem Fall müssen zwei Qubits miteinander wechselwirken, etwas, was wir gerade in Punkt 2 kategorisch ausschließen wollten. Gebraucht werden also Qubit-Operationen, die man sehr kontrolliert ein- und ausschalten kann.
4) Quantenphysikalische Zustände sind extrem empfindlich. Wenn sie mit der Umwelt in Kontakt kommen, ist das wie eine Messung, und die Qubits verändern ihre Eigenschaft

auf ungewünschte Weise. Diesen Prozess nennt man Dekohärenz. Die Zeit, mit der ein Qubit dekohäriert, sollte viel länger sein als die Zeit, die eine einzelne Rechenoperation beansprucht. Hier bahnt sich ein eklatantes Problem an: Zum einen soll das System perfekt von der Außenwelt isoliert sein, um die Zustände zu schützen, aber andererseits müssen die Qubits nach Belieben manipuliert werden können. Für die Manipulation muss man etwas von außen (Laser, Strom, Magnetfeld etc.) auf die Qubits loslassen. Die Qubits brauchen also eine gut ausgebildete Security, die nur die gewünschten Felder durchlässt.

5) Wenn alles vorbei ist und alles gerechnet wurde, muss man auch den finalen Quantenzustand der Qubits messen können, um das Rechenergebnis zu erhalten.

An diesen fünf Punkten scheiden sich die Geister, oder besser gesagt streiten sich die Systeme, wer es wohl am besten kann. Ein Sieger ist noch nicht in Sicht, es ist ein Kopf-an-Kopf-Rennen zwischen supraleitenden Schaltkreisen, Atomen oder Ionen, die in einer Ultrahochvakuumkammer aufgereiht werden, und Photonen, die in ein Spiegellabyrinth zur Vielfachinterferenz geschickt werden. Eine Prognose ist schwierig, da jeder Ansatz die fünf Kriterien von DiVincenzo unterschiedlich gut erfüllt.

Die gegenwärtige Entwicklung der Quantencomputer ist unglaublich rasant und kommt tatsächlich einer Revolution gleich. Es ging in den 1990er Jahren zunächst langsam los mit einfachen Quantengattern und nur einer Handvoll von Qubits. 2016 konnte man immerhin mit fünf Ionen die Zahl 15 in ihre Primfaktoren 3 und 5 zerlegen. 2018 gelang es dem D-Wave Quantencomputer von IBM, die Zahl 249 919 in 509 × 491 zu zerlegen. Obwohl es inzwischen Quantencomputer mit tausenden Qubits gibt, ist man in der Praxis bis heute nicht wesentlich weitergekommen. Es fehlt an der Stabilität der Qubits und der Qualität der Quantengatter. Die Entwicklung der Quantencomputer war bislang eine eher akademische Tätigkeit, aber seit den 2020er Jahren sind unzählige Firmen entstanden, die Komponenten, Software und sogar ganze Systeme für die Quantencomputer und ganz allgemein für die Quantentechnologie entwickeln und erfolgreich verkaufen. Mit Hilfe der Industrie wird sich die Qualität der Bauteile und damit die Präzision der Quantenrechner deutlich schneller verbessern, und man kann auf eine rasante Entwicklung hoffen. Für etwa eine Million Euro können Sie sich bereits jetzt einen Quantenrechner ins Wohnzimmer stellen. Dieses Szenario – ein Quantencomputer fürs Zuhause – wird aber wahrscheinlich nicht eintreten. Die Aufgaben, die ein Quantencomputer lösen kann, sind sehr speziell, und mit einer wachsenden Zahl von Qubits werden die Anlagen auch schnell sehr komplex. Daher werden die Quantencomputer auch zukünftig in Rechenzentren stehen, wo sie gut gewartet werden. Etwaige Programme können dann einfach per Internet an den Rechner gesendet werden. IBM hat bereits einen kleineren Quantencomputer online gestellt, und private Nutzer:innen können hier Quantenrechnungen durchführen. Um zu verstehen, wie das funktioniert und wie man Quantenrechnungen durchführt können Sie hier vorbeischauen: www.thequantumlaend.de.

Epilog – Quantenforschung global

Europa ist unbestritten die Wiege der Quantenphysik. Die Entwicklung fand aber stark konzentriert an nur wenigen Orten statt: Berlin, München, Göttingen, Leipzig, Kopenhagen, Paris, Cambridge und Oxford. Abseits dieser Städte nahm zunächst kaum jemand Notiz von der Quantenphysik. Es dauerte bis in die 1920er Jahre hinein, bis zum Beispiel in den USA oder in Russland die ungeheure Relevanz dieser neuen Theorie erkannt wurde und man ebenfalls in die Forschung einstieg. Beide Großmächte holten dann aber schnell auf und spielten als Big Player der Quantenphysik global an erster Stelle mit. Für viele Jahrzehnte lieferten sich die USA, Russland und Europa ein Kopf-an-Kopf-Rennen um die spektakulärsten Forschungsergebnisse. Der Kalte Krieg behinderte einerseits den wissenschaftlichen Austausch, feuerte ihn andererseits aber auch an. Trotz seltenen Kontakts waren alle immer sehr gut informiert, was die anderen gerade neu entdeckt hatten. Die Amerikaner und die Russen fieberten den neuesten Fachartikeln der gegnerischen Seite immer entgegen. Die wichtigsten Ergebnisse wurden in Zeitschriften wie der *Physical Review* (USA) und der *JETP* (Russland) abgedruckt, die dann per Schiff wechselseitig über den Atlantik geschickt wurden. Deutschland hatte durch die Weltkriege seine dominierende Rolle in der Quantenphysik verloren, und Forschungsergebnisse wurden zunehmend in amerikanischen Zeitschriften veröffentlicht. Der wissenschaftliche Wettstreit hielt fast bis zum Ende der Sowjetunion an. Bei der wesentlich kostspieligeren Raumfahrt kam der Einbruch schon in den 1970er Jahren. Russland hatte in den 1950ern und 1960ern in der Raumfahrt immer die Nase vorne – denken wir an Laika, Juri Gagarin oder den Sputnik-Schock –, konnte aber mit der umfassenden Finanzierung des amerikanischen Apollo-Programms von bis zu 0,25 % des Bruttoinlandsprodukts nicht mithalten. Die erste Mondlandung ging schließlich an die USA. Seit dem Kollaps des kommunistischen Systems und der damit verbundenen fehlenden Organisation und Finanzierung der Forschungseinrichtungen hat es Russland nicht geschafft, an die alten Erfolge anzuschließen. Vom Ende einer kommunistisch organisierten Quantenforschung lässt sich aber noch nicht sprechen. Die wird nämlich seit den 2000er Jahren mit viel Energie von China vorangetrieben, das innerhalb von nur zwei Jahrzehnten zum Rest der Welt aufschloss und in manchen Disziplinen sogar alle überholt hat. Zum Beispiel hat China das größte Glasfasernetzwerk weltweit für die Quantenkommunikation zwischen Shanghai und Peking errichtet.

Kehren wir aber nochmals zum Anfang der Geschichte der Quantenphysik zurück und blicken zuerst auf die Entwicklung in Russland. Die entscheidende Person war Abram Fjodorowitsch Ioffe, geboren 1880 in Romny im Nordosten der heutigen Ukraine. Nach Abschluss eines Ingenieursstudiums in Sankt Petersburg war es Zeit für eine Doktorarbeit, und da Wilhelm Röntgen als einer der besten Physiker galt, reiste Ioffe kurzerhand nach München zu Röntgen, der sich dort inzwischen niedergelassen hatte. Obwohl Röntgen ihm bald eine Stelle anbot, zog er es vor, nach Sankt Petersburg zurückzukehren, und startete von dort eine beispiellose Karriere. Trotz unzähliger Widrigkeiten schaffte Ioffe es, zu einem der bedeutendsten Physiker der Sowjetunion zu werden. Neben der Vielseitigkeit an physikalischen Themen, die er bearbeitete – die Quantenphysik war dabei nicht einmal das wesentliche Gebiet –, schuf er eine Infrastruktur, die eine moderne Forschungslandschaft ermöglichte. Er gründete zum Beispiel das Physikalisch-Technologische Institut in Sankt Petersburg, das heute als Ioffe-Institut bekannt ist. Für Personal sorgte er auch, indem er eine ganze Schar von Schüler:innen ausbildete, die wiederum die Quantenphysik vorantrieben. Allein fünf von ihnen erhielten einen Nobelpreis. Entscheidend für diesen Erfolg waren Ioffes Offenheit gegenüber dem Ausland und seine vielfältigen Kontakte, die er nutzte, um seine Mitarbeiter:innen an die besten Arbeitsgruppen Europas zu vermitteln. Dort wurde das relevante Wissen eingesammelt und zurück nach Russland gebracht.

Ab den 1930er Jahren gab es dann endlich gute Übersetzungen fundamentaler Aufsätze und Lehrbücher, wie zum Beispiel Diracs Monographie *The Principles of Quantum Mechanics*, sowie erste Lehrbücher in russischer Sprache.

Aber wie schwer das doch manchmal war mit der Forschungsfreiheit, oder ganz allgemein mit der Freiheit. Im frühen Kommunismus waren Intellektuelle von vornherein suspekt. Und die Quantenphysik galt den Funktionären ohnehin als zu abstrakt, abgehoben und ohne praktischen Nutzen. Alle Forschung hatte dem Gemeinwohl zu dienen, wurde zu den angewandten Disziplinen gedrängt. Vor allem unter Stalin war es schwierig, Grundlagenforschung zu betreiben, da er hauptsächlich die Schwerindustrie, die Chemieindustrie und das Militär im Blick hatte. Die Sowjetunion kapselte sich unter Stalin immer stärker ab, und der antipodische Kosmopolitismus der Wissenschaft wurde immer mehr als Problem gesehen. Obendrein grassierte der Antisemitismus in Russland, und Ioffe wurde als gebürtiger Jude, obwohl er 1911 zum lutherischen Glauben konvertiert war, 1950 durch eine Schmutzkampagne für kurze Zeit aus seinem eigenen Institut in Sankt Petersburg verdrängt. Anderen Forscher:innen aus seinem Umfeld erging es noch deutlich schlechter, und viele Karrieren wurden durch Gefängnis, Tod oder eine Flucht ins Exil verhindert.

Wie lief es auf der anderen Seite des Atlantiks? In den USA existierte so etwas wie eine theoretische Physik lange Zeit nicht. Der Fokus lag wie in Russland darauf, in der Forschung praktikable und schnell verwertbare Ergebnisse zu erzielen. Zum Ende des 19. Jahrhunderts war der einzige Theoretiker Josiah Gibbs (1839–1903), der in Yale forschte und von seinen Kollegen ignoriert wurde. Immerhin wusste aber Planck seine Arbeit zu schätzen, und Einstein nannte ihn sogar »the greatest mind in American history«. Eine theoretische Physik musste in der Breite erst aufgebaut werden, und da Gibbs schon 1903 starb, gelang dieses Unterfangen erst dem Vater der amerikanischen Quantenphysik: Robert Oppenheimer. Zunächst wurden aber finanzielle Mittel benötigt. Philanthropen wie John D. Rockefeller stellten ab den 1920er Jahren größere Summen bereit, um den wissenschaftlichen Austausch zwischen Amerika und Europa zu fördern. Viele amerikanische Wissenschaftler:innen reisten nach Kopenhagen, Göttingen oder Paris, um sich vor Ort mit der Theorie der Quantenphysik zu beschäftigen. Im Gegenzug kamen viele Experimentalphysiker:innen aus Europa nach Amerika, angelockt durch die dort wesentlich besser ausgestatteten Labore. Das Geld war gut angelegt, da viele Forscher:innen in Amerika blieben und dort wesentlich zur Entwicklung der Quantenphysik beitrugen. Das intellektuelle Zentrum wurde das Californian Institute of Technology (Caltech) in Pasadena. In den folgenden Jahren und Jahrzehnten war fast jeder wichtige Quantenphysiker aus Europa zu Gast, und viele Student:innen kamen nach Pasadena, da hier am ehesten der Geist von Göttingen wehte. 1929 kam Robert Oppenheimer, nachdem er mehrere Jahre in Europa verbracht hatte, als Professor ans Caltech und prägte dort für die nächsten 25 Jahre die Quantenphysik in den USA, wie Abram Ioffe es in Russland tat. Die Lebensläufe der beiden sind sehr ähnlich, jedoch trennten sie sich, als Oppenheimer das Manhattan-Projekt übernahm und Ioffe die Leitung des russischen Atombombenprojekts aus Altersgründen ablehnte. Wie auch Ioffe fiel Oppenheimer später in Ungnade. In der McCarthy-Ära musste er ab 1954 diverse Einschränkungen in seiner Arbeit hinnehmen. Immerhin wurde er 1963 etwas halbherzig von John F. Kennedy rehabilitiert.

Die große Stärke der amerikanischen Wissenschaft war es damals wie heute, ausländische Forscher:innen willkommen zu heißen. Nur mit dieser internationalen Unterstützung konnten die USA die meisten Nobelpreise weltweit erringen.

Uns bleibt zuletzt ein Blick nach Japan, immerhin die viertgrößte Wirtschaftskraft der Welt. Der Abram Ioffe oder Robert Oppenheimer Japans war Yoshio Nishina (1890–1951). Nach seinem Studium reiste er für acht Jahre durch Europa, mit längeren Aufenthalten in Cambridge (Rutherford), Kopenhagen (Bohr) und Göttingen (Born). Zurück in Japan gründete er in der Nähe von Tokio sein eigenes Labor mit einem Fokus auf Teilchenbeschleuniger, das heute noch als das Nishina Center existiert. Er überzeugte schon kurz nach seiner Heimkehr Heisenberg und Dirac, nach Japan zu reisen, um dort die Quantentheorie bekanntzumachen. Nishina fertigte Aufschriebe der Vorlesungen der beiden an, die er anschließend druckte und an Universitäten in ganz Japan verteilte. Das war eine wesentliche Grundlage, auf der sich die Quantenphysik in Japan entwickeln konnte. Später war Japan auch an dem Bau einer Atombombe interessiert und machte Nishina 1941 zum Leiter des Atomprojekts, das gut finanziert rasch vorankam. Wegen eines Mangels an Uran und Plutonium scheiterte das Projekt jedoch, und letztendlich beendete die Bombardierung der Forschungsanlagen durch die Amerikaner 1945 die Atombombenpläne für immer. Durch die Atombombenabwürfe in Hiroshima und Nagasaki ist die Entwicklung einer eigenen Atombombe für Japan bis heute ein großes Tabu, das aber wegen der Bedrohungslage durch China und Nordkorea ins Wanken gerät.

Welche Rolle wird die Quantenphysik in Zukunft spielen? In der Forschung wird sie nach wie vor eine reiche Quelle für neue Erkenntnisse und Ideen sein. Aber sie wird diese Rolle nicht mehr nur in der Physik, sondern auch in der Chemie, in der Medizin und in den Ingenieurswissenschaften einnehmen. Immer mehr Menschen werden in Zukunft mit ihr in Berührung kommen, zum Beispiel in Form verschiedenster neuartiger Technologien. Es ist wichtig, das Vertrauen in die Wissenschaft zu stärken. Schließlich sind Neugier, die Leidenschaft für Forschung und die Freude an Entdeckungen eine der wesentlichen Triebfedern der menschlichen Geschichte.

Lektüretipps – von leicht bis etwas schwer

Werner Heisenberg: Der Teil und das Ganze. Gespräche im Umkreis der Atomphysik. München 2001. Erstveröffentlichung 1969.

In diesem teils autobiographisch angelegten Buch beschreibt Heisenberg, wie die Quantenphysik entstand, und geht auch auf philosophische, religiöse und politische Themen ein. Vor allem seine Gespräche mit Niels Bohr, Albert Einstein und Carl Friedrich von Weizsäcker (ein Bruder von Richard von Weizsäcker) machen das Buch lesenswert. Ein Klassiker.

Erwin Schrödinger: Was ist Leben? Die lebende Zelle mit den Augen des Physikers betrachtet. Aus dem Engl. übers. von L. Mazurcak. München 1989. Erstveröffentlichung 1944.

Hier geht es zuvörderst nicht um Quantenphysik, sondern darum, wie aus einzelnen Atomen Leben entstehen kann. Ein faszinierendes Buch, das bereits 1944 veröffentlicht wurde. Da steckte die Mikrobiologie noch in den Kinderschuhen, und dennoch ist *Was ist Leben?* auch heute noch ein Leseerlebnis.

Richard P. Feynman: QED. Die seltsame Theorie des Lichts und der Materie. Hrsg. von Edward Hutchings. Aus dem amerikanischen Engl. von Gerda Kurz und Siglinde Summerer. München 2018. Erstveröffentlichung 1985.

QED bedeutet Quantenelektrodynamik und ist eine Erweiterung der hier im Buch beschriebenen klassischen Quantenphysik. Sie beschreibt die Wechselwirkung zwischen Licht und Materie. Richard P. Feynman war so etwas wie der Popstar der Quantenphysik und kann erstaunlich komplizierte Dinge erstaunlich einfach erklären.

Anton Zeilinger: Einsteins Spuk. Teleportation und weitere Mysterien der Quantenphysik. München 2024. Erstveröffentlichung 2007.

Hier geht es hauptsächlich um das Phänomen der Verschränkung, von einem Nobelpreisträger erklärt.

Abraham Pais: »Raffiniert ist der Herrgott …«. Albert Einstein, eine wissenschaftliche Biographie. Braunschweig [u. a.] 2012. Erstveröffentlichung 1986.

Es handelt sich hier zwar um eine Einstein-Biographie, aber das Buch erzählt auf hervorragende Weise die Entstehung der Quantenphysik. Da Abraham Pais selbst Physiker war, ist das Buch mitunter etwas anspruchsvoll gestaltet. Aber man kann ja über die eine oder andere Formel hinweglesen. Übrigens ist der deutsche Titel furchtbar, auf Englisch heißt das Buch viel eleganter: *Subtle is the Lord*.

Quantenmechanik für Ingenieure – Quantum Mechanics for Engineers.

Da die Quantentechnologien rapide voranschreiten, gibt es einen immer größeren Bedarf an Literatur für Ingenieur:innen, die diese ganzen Quantenmaschinen realisieren sollen. Jeder, der ein Ingenieursstudium absolviert hat, kennt komplexe Zahlen und Differentialgleichungen, hat aber oft nicht den Nerv, sich in die Details der Quantenmathematik einzuarbeiten. Dafür gibt es eine ganze Schar von Büchern, vor allem auf Englisch, die hier nur das wesentliche Rüstzeug für quantenphysikalische Berechnungen bereitstellen. Oder noch besser, einfach nach Vorlesungsskripten / Lecture Notes googeln, es gibt reichlich Material, das im Netz kostenlos zugänglich ist.

Glossar

Atome sind die Bausteine, aus denen unsere Welt aufgebaut ist. Es gibt sie in bislang 118 entdeckten Arten, angefangen von Wasserstoff H (Nummer 1) bis zuletzt Oganesson Og (Nummer 118). All diese Atome bestehen aus einem positiv geladenen Kern und einer negativ geladenen Hülle. Die Hülle wird durch die **Elektronen** gebildet und der Kern durch **Protonen,** die wiederum von den **Neutronen** zusammengehalten werden. Neutronen sind neutral und haben keine Ladung. Dabei haben Elektronen und Protonen die exakt gleiche Ladung, nur mit umgedrehten Vorzeichen. Wasserstoff hat ein Proton und ein Elektron, Helium zwei Protonen und zwei Elektronen, und das geht so bis zum Oganesson mit 118 Elektronen, 118 Protonen und 176 Neutronen. Es handelt sich um ein sehr großes Atom, da helfen ein paar Extraneutronen, um alles zusammenzuhalten.

Ionen sind ebenfalls Atome, denen aber ein oder mehrere Elektronen abhandengekommen sind. Da sie dadurch mehr positive als negative Ladungen haben, sind sie positiv geladen, und man kann sie gut mit einem elektrischen Feld beschleunigen. Um genau zu sein, können auch Moleküle Ionen sein, und um noch genauer zu sein, kann ein Ion auch zu viele Elektronen haben, dann ist es genau andersherum geladen.

Elementarteilchen sind die kleinsten Bestandteile unseres Universums. Sie sind nicht teilbar und daher elementar. Was Elementarteilchen sind, hat sich im Laufe der Geschichte immer wieder geändert. So galt einst das Proton als Elementarteilchen, bis man feststellte, dass Protonen wiederum aus drei Quarks zusammengesetzt sind. Der Stand der Forschung ist, dass das sogenannte **Standardmodell** alle Elementarteilchen theoretisch vorhersagen kann und all diese Teilchen auch experimentell nachgewiesen wurden. Alles scheint geklärt, oder anders gesagt: Wir warten auf Überraschungen.

Antimaterie ist so etwas wie ein Spiegelbild von Materie. Sie hat umgedrehte Eigenschaften. Jedes Elementarteilchen hat einen Gegenpart. Für **Elektronen** sind das die **Positronen**. Sie haben umgedrehte Ladungen, Elektron negativ – Positron positiv, aber die gleiche Masse. Treffen ein Elektron und ein Positron aufeinander, löschen sie sich aus, alle Masse verschwindet, und was bleibt, ist ein energiereicher Lichtblitz. Und auch die Protonen und Neutronen haben ihre Spiegelbilder als Anti-Proton und Anti-Neutron. Damit haben wir für alle Bauteile der Atome Antiteilchen und können damit Anti-Atome zusammensetzen. Im Genfer Kernforschungszentrum CERN gibt es bereits eine Handvoll Anti-Wasserstoff. Ob sich dieser anders verhält als normaler Wasserstoff? Wenn man ihn mit Lasern beschießt? Nicht so einfach, da die Antiteilchen von → Photonen eben einfach auch Photonen sind.

Elektromagnetische Wellen sind Schwingungen, die aus elektrischen und magnetischen Feldern bestehen. Das Besondere an elektromagnetischen Wellen ist, dass sie keine Trägersubstanz benötigen. Schallwellen brauchen Luft, Wasserwellen Wasser, Stauwellen Autos, usw. Sie können einfach durch ein Vakuum fliegen und halten sich sozusagen an sich selbst fest. Es gibt die elektromagnetischen Wellen als **sichtbares Licht**, **infrarotes Licht**, **UV-Licht**, **Mikrowellen**, **Radiowellen**, **Röntgenstrahlen**, → **Gammastrahlen**, … je nachdem, mit welcher Frequenz sie schwingen.

Gammastrahlen sind die hochenergetische Variante von Licht. Sie schwingen etwa eine Million Mal schneller als sichtbares Licht und haben damit deutlich mehr Energie. Sie sind mit die energiereichsten Objekte im Universum, und es braucht etwas in der Größenordnung einer Supernova, um sie zu erzeugen.

Photonen sind die Quantenversion von → elektromagnetischen Wellen.

Korpuskular ist in der Physik etwas, das gerade das Gegenteil einer Welle ist. Solche Objekte sind nicht räumlich ausgedehnt wie Wellen, sondern als Korpuskeln (Körperchen) kompakt und räumlich eingeschränkt. Angeblich hat Newton schon 200 Jahre vor Einstein Licht solch eine korpuskulare Eigenschaft zugeschrieben.

Komplexe Zahlen sind einfach nur praktisch. Es rechnet sich oft leichter, wenn man nicht nur einen Zahlenstrahl hat, sondern eine ganze Zahlenfläche. Die Fläche wird durch die imaginären Zahlen aufgespannt, und diese werden mit i bezeichnet. i ist die Wurzel von -1. Das ist eigentlich unmöglich, aber was interessiert das die Mathematiker:innen schon. Somit hat man Zahlen wie 6 + 2i zur Verfügung, und viele Rechnungen werden dadurch viel einfacher und vor allem übersichtlicher. Im Prinzip kann man die Quantenphysik auch ohne imaginäre Zahlen aufschreiben, das macht aber niemand.

Die **Schrödingergleichung** ist die fundamentale Gleichung, um die Energiezustände und die Dynamik eines quantenphysikalischen Objekts zu berechnen. Sie ist von der Form her eine Wellengleichung, und daher kommen auch wellenartige Lösungen wie die Materiewellen heraus.

Quantenphysik umfasst alles, was mit den Quanten zu tun hat. Manchmal spricht man aber auch von der **Quantenmechanik**, die eher das Verhalten von atomaren und subatomaren Teilchen, wie die Bewegung der Elektronen um den Atomkern, erklärt. Da dies ein klassisches mechanisches Szenario ist, ähnlich zu den Planetenbewegungen um die Sonne, setzte sich damals der Begriff Quantenmechanik durch, aber **Quantentheorie** wird oft sinngleich verwendet. Später gab es die erste Erweiterung der Quantenmechanik, die **Quantenelektrodynamik**, die auch die elektromagnetischen Felder umfasst und obendrein noch mit der speziellen Relativitätstheorie zusammenpasst. Sollen auch noch die Kernkräfte berücksichtigt werden, muss man sich mit der **Quantenchromodynamik** beschäftigen. Diese erweiterten Theorien werden als **Quantenfeldtheorien** bezeichnet.

Mit **Superpositionen** bezeichnen Physiker:innen ein Quantenobjekt, das gleichzeitig in mehreren Zuständen sein kann. Jeder Zustand ist aber nur mit einer bestimmten Wahrscheinlichkeit vertreten. Nimmt man eine Messung vor, muss sich das Quantenobjekt zu einem seiner Zustände bekennen.